中國建築藝術全集

9

壇廟建築

中國美術分類全集

中國建築藝術全集編輯委員會 編

凡例

一　《中國建築藝術全集》共二十四卷，按建築類別、年代和地區編排，力求全面展示中國古代建築藝術的成就。

二　本書為《中國建築藝術全集》第九卷『壇廟建築』。

三　本書圖版按照中國壇廟建築構成原則，即天地君親師的系列編排。具體可分為國家壇廟、太廟、帝王廟、文武廟、名人祠廟及家祠等項。

四　卷首載有論文《中國壇廟建築藝術》，概要地敘述了儒家思想對壇廟建築的絶對影響，壇廟建築系列的形成與發展，各類壇廟建築形制介紹，從建築藝術角度對壇廟的研究分析。在其後的圖版部分精選了二〇五幅建築内外部照片。在最後的圖版説明中對每幅照片均做了簡要的文字説明。

目錄

中國壇廟建築藝術

一、壇廟建築與儒家禮制思想

中國的壇廟建築是一種奇特的建築類型，是一種介于宗教建築與非宗教建築之間，具有一定國家宣教職能的建築。壇廟建築中供養對象是天上神仙或已升天的人間偉人；有一套敬神的儀軌及節日；崇拜的目的是求福保安，這些特徵與宗教要求是相類似的。但它又不完全是宗教建築，因為在壇廟中沒有類似僧、道、阿訇等宗教職業者；也沒有宣傳神佛信仰義理的經書、道藏等。作為完整的宗教須具備有三要素：信仰對象、信仰理論、職業神職人員，即佛經中所說的佛法僧，而壇廟建築僅具其一，故不能達到宗教建築的標準。

但為甚麼壇廟建築在中國幾千年的歷史中得到延續、發展，甚至達到與佛寺、道觀相抗衡的地位，這主要是因為儒家推崇倡導的結果。儒家以禮治天下，他們把對自然山川、祖宗偉人的崇拜歸于禮儀的範疇，而加以固定化、制度化。隨著儒學成為國學，禮制成為國制，壇廟建築也成為國家營構的建築，所以壇廟建築亦可稱之為『禮制建築』。壇廟建築規模之大，質量之高，祇有帝王宮殿和大型佛寺道觀纔能與之相比，這是中國古代特有的一種建築現象。因此探索中國壇廟建築之起源，必須研討中國原始崇拜之形成、儒家理論的發展演化，以及兩者之間的結合過程。

(一) 中國遠古社會的原始崇拜

世界各地遠古人民的原始崇拜不外乎自然與鬼神兩方面，即環境的自然現象及自身的生命現象在人們頭腦中的幻化。

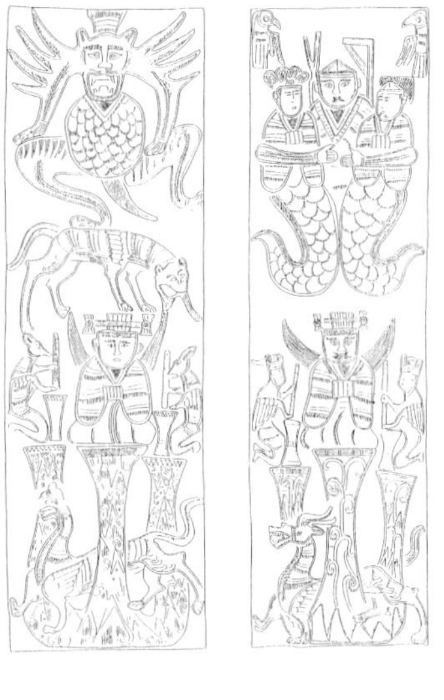

圖一　東漢沂南畫象石墓中西王母、東王公的石刻圖像

人類的生產斗爭歷史是與自然環境斗爭的歷史，在生產力十分低下的原始社會，自然界給人類帶來巨大的危害。凶殘的野獸、怒吼的狂風暴雨、山洪暴發、寒流侵襲、酷暑乾旱都將破壞生產，致人類于死亡境地。人類為了趨吉避凶，故希望通過祈求自然靈性的方式來保護大家平安無事，獲得維持生命的食物，這就是自然崇拜。

世界各原始民族的自然崇拜都經歷了兩個階段，即圖騰崇拜與保護神崇拜，這也是原始生產特徵的反映。原始人早期的生產是以采集、漁獵為主要方式。原始人為了獲得生存的食物，必須不斷地與動物作斗爭，并對其中强悍、快捷的動物產生畏懼，甚至于崇拜的情緒，進而用一定的圖案、標志來寄托這種崇拜，這種圖案、標志稱為圖騰。圖騰是北美印第安民族阿爾袞琴部落的方言，表意是該群體的代表性標志，用之以區別于其他群體。因其首先被介紹出來，故成為代表原始民族特徵的通用名詞。圖騰崇拜多數對象是動物（鳥、獸、魚等），僅有少量的植物，或無生物、自然現象等。因為動物有强大的體態，有迅激的行動速度，帶有某種不可理解的威力。原始先民不僅崇拜它，甚至希望自己的氏族也與雄强的動物之間有某種親屬血緣關係，所以尊之為本氏族的圖騰。

在華夏傳説歷史中，中華民族始祖軒轅黃帝號稱『有熊氏』，表明黃帝大約屬于熊圖騰的氏族；而南方的炎帝有可能是崇拜火為圖騰的氏族。在歷史傳説中，多有關于某女子感某物入腹或履某迹而孕生子，此子即為該氏族的始祖的故事。如《史記》記載，殷商族的祖先契是其母吞食玄鳥卵而生，故商為鳥圖騰族。類似的傳説也出現在伏羲、堯、禹等祖先的誕生故事上。甚至為了表現氏族與圖騰物之間的血緣關係，往往把始祖描繪成人獸共體的形狀，如伏羲為『蛇首人身』，神農為『人身牛首』，句芒為『鳥身人面』等（圖一）。在某些民族中這種古老的圖騰崇拜雖然早已消失，但仍可能變相地融匯在民族傳説中，如生活在西藏山南澤當地區的人民認為他們的民族來源是與獼猴有關；古代蒙古人傳説鹿氏族的女子與狼氏族的男子婚配而生其始祖；古代突厥族有男子與牝狼結合而生其始祖等。這些都是圖騰觀念的反射。

當原始人生產技能逐漸提高，除漁獵之外，步入了主要靠農業種植經濟為主要謀生手段以後，這種獸形的圖騰神開始退出歷史舞臺，人類把自然崇拜轉向與農業有關的自然保護神的崇拜。為了獲得農業豐收，必須要有一個良好的自然環境，祈望風調雨順，土壤肥沃，氣候適宜，于是與此有關的天神、地神、山神、海神、太陽神、月亮神被創造出來。因為自然是不具備固定形象的，同時生產力發展以後，人類對自己的創造力有了信心，認為人比動物更强大，所以自然保護神的形象圖案往往采用强勁有力，非常智慧的相似人類自己的形象。

學術界認為，古代傳説中的伏羲、黄帝等均起源于太陽神的崇拜；而女媧則源于月亮神的崇拜；而炎帝則代表了火神的崇拜；次而下的燧人、祝融、閼伯等皆為火神。而進入階級社會以後，統治者基于土地占有的欲望，而把山川之神提到重要地位。再進一步至統一國家的出現，又把天地之神奉為最高神明。

隨著生産的發展，人類也開始考慮自己，考慮到死亡後的狀況。據考古學材料証明，至遲至新舊石器時代交替時期，原始人群已經開始改變隨意拋弃屍體的現象，而采用一定的葬法保留屍體，并有少量隨葬品。這説明對人死後的精神和物質狀況産生了某種想像，認為肉體死亡後，尚有靈魂存在，繼續過另外一種生活，這也可以説是原始鬼神觀念的萌芽吧！

人類産生靈魂觀念，除了解答『死後何處去』這個最虛無的問題之外，也是為了克服人類對死亡的恐懼，勇敢地面對現實。對于氏族來講，除生産上的困難以外，當時最大的生活灾禍莫過于繁殖不旺及人體的疾病與死亡。對此現象人類無法解釋，原始人根據靈魂觀念認為是有某些『凶煞』、『惡鬼』在控制灾禍。對此，人類為禳禍，也須祈求煞鬼，而把這種祈求希望寄托在氏族祖先中最强悍的英雄，一般講就是領導大家創建氏族的始祖身上。這種祖先保護崇拜就是奠祭祖先的廟祭的來源。《禮記・祭法》中説『人死曰鬼』，故對已死祖先的崇拜即是對鬼的崇拜。就這樣原始社會的鬼神思想就慢慢地進入了人類的文化生活之中，并産生了巨大的影響。遠古先民的原始崇拜由圖騰崇拜、自然神崇拜，發展到祖先鬼神崇拜等多層次的信仰内容。而這些崇拜無不是與當時社會的生産力水平相適應的觀念形態相聯係，成為團結内部，克服困難，與自然相抗爭的重要動力。

（二）儒家禮制思想與鬼神崇拜相結合

『禮』在中國古代社會是作為治理國家，安定社會，理順階級次序的一種行為規範出現的，即所謂『禮，經國家，定社稷，序民人，利後嗣者也』（《左傳・隱公十一年》）的意思。禮制思想産生于三千年前的中國奴隸社會，東周春秋時代魯國的孔丘，收集魯、周、宋、杞等數國有關文獻，整理出《易》、《書》、《詩》、《禮》、《樂》、《春秋》六經，并突出提出以禮治國的禮治觀點，并把禮治思想制度化，進一步又增加了儀式化的特色。儒家禮治思想的制度化與儀式化是一項很重要的特色，它可以通過制度的繁簡、寬嚴，儀式的變化或附麗來適應社會不斷變化的狀況，保証禮制對社會的規範作用。

初期儒家學説是不牽涉到神靈巫術方面的，即《論語》中所謂『子不語，怪力亂神』，因怪异、神鬼不利于禮制教化，孔丘所提倡的『知天命』、『畏天命』是指人不可預測休咎、命運和機遇，當時并不具備神靈的概念。秦始皇焚書坑儒，嚴重打擊儒家和儒學的傳播。漢武帝時，國勢中興，封建制度確立，在文化思想上『罷黜百家，獨尊儒術』，再度倡導儒家學説，使儒學成為統一思想，鞏固國家秩序的國學。當時大儒家董仲舒為適應統治階級需要，創制『天人感應』、『天人合一』的學説，把天神化，使原來的哲理性的天道、天命，轉化為具象的『天帝』、『皇天』，把神系引入儒學。『天』可以有意志、有目的地安排自然和社會秩序，是宇宙的最高主宰，君主按『天意』建立人間秩序，君主的無上權威來自于『天命』，即『君權神授』、『天子受命于天』的理論。至此，儒學中亦引入了自然保護神崇拜及鬼神思想，可以更好地為封建統治服務。另一方面，董仲舒在孔子的『五倫』，即君臣、父子、夫婦、兄弟、朋友的禮制關係基礎上，發展成為『三綱』，即『君為臣綱，父為子綱，夫為妻綱』。進一步提出『天地君親師為禮之本』的觀點，作為封建秩序、尊卑關係的準則。即把原始的氏族祖先崇拜擴大到國家統治者及先師賢人崇拜的廣度。他還引入戰國時代興起的陰陽五行學説，用于推論天地運轉及人事禍福，這些都對後世的壇廟禮制建築規制的形成產生巨大影響。

實際上，在禮制思想出現以前的社會亦傳承了原始崇拜觀念。如舜時即『禋于六宗、望山川、徧群神』（《史記·封禪書》），對祖先及山川神祇表示敬意；夏代即置有『社』，崇敬土地之神；周代末期，戰國紛亂，各國亦各有其崇敬的山川鬼神信仰。衹有到了漢初，經儒家禮制思想的歸納，藉用國家行政的力量纔使得原始崇拜成為有哲理的有序列的國家性的信仰觀念。

（二）吉禮與壇廟建築

在周代已經完備起來的禮制共計分為吉、凶、軍、賓、嘉五類。吉禮是指對天地山川等自然神靈及祖先帝王先賢等哲人的禮拜儀式；凶禮是指對喪葬的有關禮儀制度；軍禮是指出征、命將、狩獵、行軍等方面的禮儀規定；賓禮是指朝覲、聘使、君臣賓朋相會時的禮節儀式；嘉禮是指及冠、及笄、婚配、養老，以及君臣、后妃、士大夫等各層人士的日常服飾、車仗、鑾駕、鹵簿等有關儀式化的規定。

上述五禮中，軍、賓之禮多為行動上的規定，嘉禮除行為規範之外，大多是服飾用具上的形制規定，因此這三方面與建築形制關係不大。凶禮中則規定了皇室成員死後的山陵制度，是歷代陵墓建築的遵循原則。今日所遺留的大量壇廟建築皆屬吉禮制度的組成部分，它從一個側面反映出我國傳統禮制思想的內涵構思及演化過程，是封建思想文化的一個重要層面。

在儒家倡導的吉禮建築中，即崇拜鬼神的建築中可以概括分為兩大類，即壇與廟。屬于祭奠自然保護神的稱之為壇、祭壇；屬于祭祀祖先的稱之為廟、太廟、祖廟、家廟，當然也有一部分供奉次要的自然保護神的建築也稱之為廟。壇廟建築是儒學中的『敬天法祖』思想的具體化，在儒家認為，『祭宗廟，追養也；祭天地，報往也』（《物理論》）。人們可以用壇廟建築寄托對祖先培養教育之情意，報答自然神祇保護萬物豐收的恩惠。

按漢許慎《説文解字》解釋，壇的字義是『壇，祭場也』，可見壇就是祭祀場所。原始人對自然的信仰是對自然力的信仰，它没有擬人化的神的形象，為了達到與天地、日月、山川的聯係，人與自然間須親密溝通，相互融接，因此，祭祀活動必須在露天場合，即在不設屋頂的壇上進行儀典。從原始時期的自然土丘，到人工夯製的方丘、圓丘，到人工砌築的磚石臺基，到層層基臺，環以石欄、壝牆、櫺星門等附屬建築的祭壇，其形體、材料、做法歷經改變，但作為露天建築這一基本特徵一直未變。先秦時代凡屬重大儀典，須雙方對天地以盟誓，表明心迹的活動也在壇上舉行，如諸侯會盟、誓師、拜將、封禪等事項。但在漢代以後，宗法禮制完備，『壇』就不再用于祭祀天地以外的用途了。

這種露天壇場是中國古代建築的特殊類型，它與中外神殿建築有著巨大的不同，它不追求神靈的神秘與壓抑，而是顯示自然的偉大與廣闊；它不要表現神像的巨大威嚴，而是傳遞著理性的可識信號；它不求感官上的刺激，而是演示著儀式的和諧。所以它不是宗教建築，而祇能是禮制建築。

據《説文解字》解釋廟的字義是：『廟，尊祖先貌也』。可見廟是專為尊崇祖先的建築，而且在我國很早就出現了。在河南安陽小屯村殷商遺址的發掘中，專家們認為其中區即為王室宗廟區，殷墟卜辭中也多次出現宗、家、亞、且等代表先王及先妣的宗廟代名詞。近年對陝西岐山鳳雛西周初期遺址發掘中，亦發現了宗廟的遺址。因為廟是祭祀先人的，根據『視死如生』的概念，宗廟應與宮室宅第相類似，亦為前殿後寢的建築形制。東漢以後，佛教傳入中國，南北朝時期貴族、富户多捨宅以為佛寺，這種住宅形制的寺院與宗廟則十分類似，所以在佛教建築中亦移植了『廟』的名稱。『壇』和『廟』就形成了儒家吉禮儀典中必不可少的兩大建築系列，概括了自然山川神祇及人文祖先哲人的鬼神崇拜。

二、壇廟建築系列的形成與發展

（一）壇廟建築初創階段

《史記・禮書》中明確地說：『天地者，生之本也；先祖者，類之本也；君師者，治之本也。無天地惡生？無先祖惡出？無君師惡治？三者偏無，則無安人。故禮，上事天，下事地，尊先祖而隆君師，是禮之三本也。』意思是說，天地乃生物之本源，祖先是族類之本源，君師是國家治亂之本源，若三者全無，則不成其為人類社會了，所以禮之本源就是要尊天地、祖先與君師。封建社會壇廟建築類型的設定即本此而行。可是歷代如何理解這三者的內容，其包容量有多大，并不是一成不變的。

近年考古發掘中已有數例說明新石器時代即已存在著祭祀性的神壇建築，并且涵蓋了良渚文化、仰韶文化、紅山文化、齊家文化、阿善文化等不同地區的文化，說明祭壇的出現帶有普遍性。例如，一九八七年在浙江余杭瑶山頂部所發掘出的良渚文化祭壇遺迹，這是一座方形平面的土築壇，邊長約二〇米，高九〇厘米，由裏外三層壇體所組成。中心是一方形紅土臺，臺周為一圈灰色斑土填築的方形圍溝，溝外為黃褐斑土夯築的第三層方臺，臺面有礫石鋪裝，臺邊遺留有部分石坎。該祭壇邊壁規整，土色分明，是一座具有明顯設計意圖的祭壇（圖二）。

而一九八四年在包頭莎木佳阿善第三期文化遺址發掘的祭壇遺迹則是一組南北展開的土丘壇組。最北壇丘高一・二米，底部腰部圍砌兩圈塊石，呈方形平面的頂部有塊石砌面。中部壇丘高〇・八米，四周圍砌塊石。南部小丘略高出地面，基部有一圓形石圈。三壇軸綫關係十分明確（圖三）。

同時在阿善西臺地的高岡上也發現一組新石器時代的祭壇遺址。它是由十八座堆石組成，基本按南北向一字排列，南端石堆最大，北端以三座小石堆結束，東西南三面有石牆及護坡圍護（圖四）。

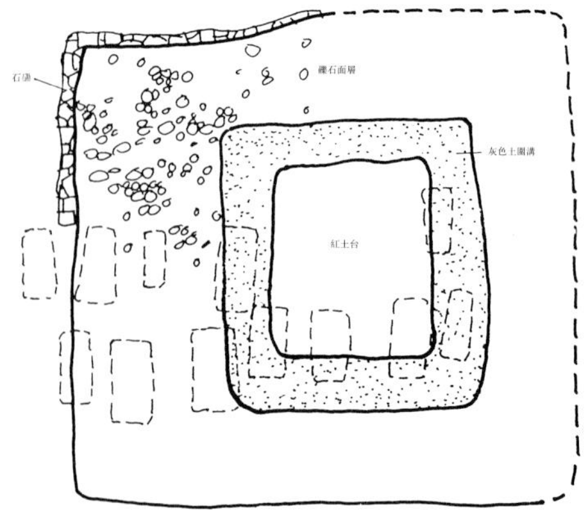

圖二　浙江余杭瑶山良渚文化祭壇遺址

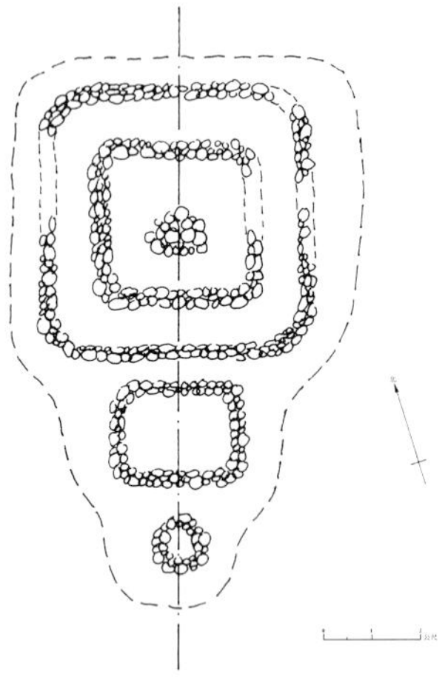
圖三　內蒙古包頭莎木佳祭壇遺址

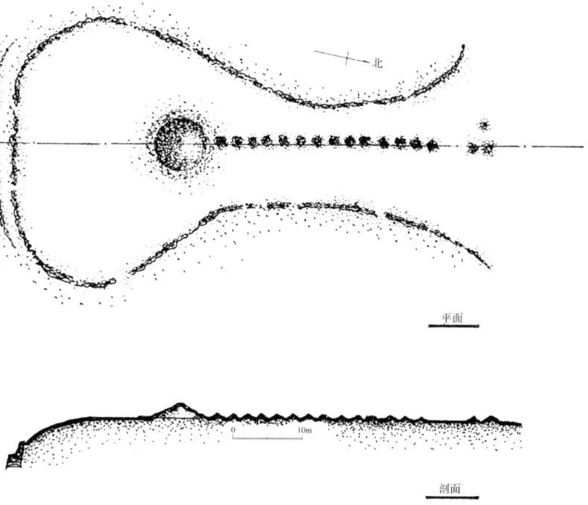

圖四　內蒙古大青山阿善原始祭壇平面及剖面圖

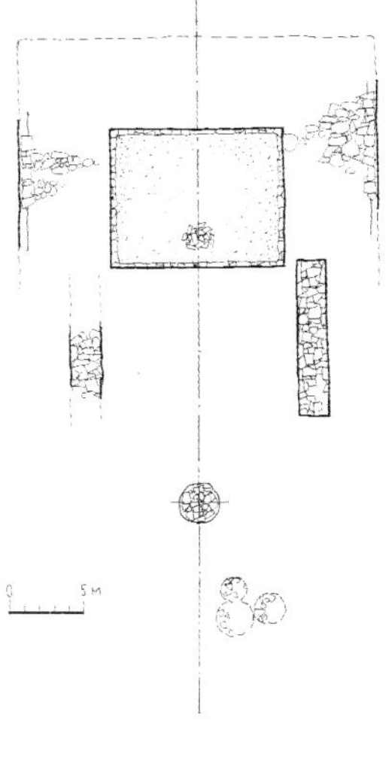

圖五　遼寧喀左東山嘴原始祭壇示意圖

最有啓發意義的是一九八二年在遼寧西部喀左縣東山嘴發現的紅山文化祭壇遺址。它坐落在一座山梁上，南北長六〇米，東西寬四〇米，由方圓兩座壇臺組成，呈軸綫關係。北部為近十米見方的方臺，上邊有幾堆立石組；南部為一圓形壇臺，片石砌邊，臺面上以卵石鋪砌，周圍還發掘出陶塑女性偶像。據專家分析，圓臺為祭祀生育神的處所，而方臺是祭祀地母神的場地（圖五）。再結合一九八三年在其西部的凌源縣牛河梁發掘出土的女神廟及層臺形式的積石冢墓葬，可証紅山文化時期的人們在原始信仰祭祀上已經有一套完整的規式儀典（圖六）。以上諸例為壇廟起源于原始社會後期提供了確實的証據。

根據文獻記載，舜禹時代即已經有『類于上帝，禋于六宗，望山川，遍群神』祭祀活動的傳説。殷墟卜辭中有『帝』或『上帝』的字樣，代表著殷王朝的保護神，它是宇宙萬物的主宰，具有無限的威力和智慧，遇有重大事件必須向『帝』膜拜，請求保護。但此時的『帝』僅是一個綜合的神靈，尚不具備自然的屬性或天體的意義。卜辭中尚有『土』、『某土』的字樣，代表著土地神和地方土地神，説明此時已有『社祭』的儀式。

周人滅殷以後，在文化上繼承殷制之處甚多。在《史記・封禪書》中引《周官》的記載稱：『冬日至，祀天于南郊，迎長日之至；夏日至，祭地祇，皆用樂舞，而神乃可得而禮也。天子祭天下名山大川，五岳視三公，四瀆視諸侯。』説明天地山川之祭已成為國家祭典，而且把山川崇拜類人化了。到目前為止，雖然尚未發掘出周代祭壇遺址，但陝西岐山鳳雛村西周初期宗廟遺址的發現，帶給我們很形象的壇廟資料（圖七）。該遺址是一座四合院建築，由兩進院落組成，軸綫對稱，布局完整有序，與清代學者戴震復原的周代宗廟示意圖極為相似（圖八）。

戰國時期秦人崛起于西陲，屬于地方政權，因此特殊尊崇本民族的保護神少皞，在其住地建西畤（畤即為神壇），以祠祭白帝。以後又陸續建造了鄜畤、密畤、上畤、下畤等，分别祠祭白帝、青帝、黄帝、炎帝（赤帝）等四方神祇，這反映了戰國時代的四方五色觀念滲入祭祀活動，同時也表示秦國統治者不甘心局限在西陲，而要擴張勢力，做四方大地一統君主的政治意圖。近年對秦故都雍城進行考古發掘，在鳳翔馬家莊發現了秦國宗廟遺址，是由三座呈品字形布列的夯土牆與木構混合構築的建築物組成的（圖九）。這種一正兩廂式布局是較早的實例，可能與祖廟配以親廟的昭穆制度有關。類似的布局也在山西侯馬晋國宗廟遺址中出現過。

秦并天下後，祠神更甚。秦始皇即皇帝位後三年即東巡郡縣，至山東泰山，效法傳説中古代帝王祭泰山，禪梁父的儀式，進行封禪典禮，刻石立碑，歌功頌德，表明其『天命

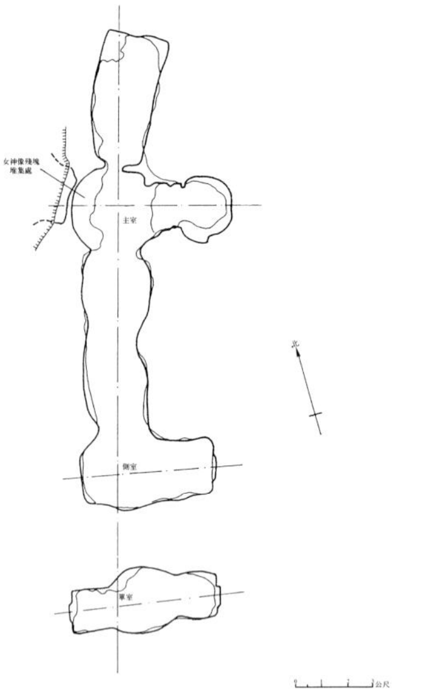

圖六　遼寧凌源牛河梁紅山文化女神廟遺址

以為王，使理群生，告太平于天，報群神之功』。秦始皇封泰山的舉動是統一天下，入主中原的一個象徵，也是君權神授，天人相接思想的萌發。在這以後，秦始皇又東游海上遍禮名山大川及八神祠。這時期經國家認定的山川鬼神有：在殽山以東，原六國地區的名山五座，即嵩、恒、泰、會稽、湘；大川兩條，即濟、淮。自華山以西，原秦國故地的名山有七座，即華、薄、岳、岐、吳岳、鴻冢、瀆；大川四條，即河、沔、湫淵、江。此外，秦都咸陽附近的灞、滻、長、灃、澇、涇諸水，因毗鄰首都，也都按國家級的山川祠祭標準奉祀。另在秦之故都雍城還有日、月、參辰、南北斗、太白、歲星、二十八宿、風伯、雨師等祠廟百餘座。而其中規模最大，儀式最隆重，仍是原來秦初所建的祠四方上帝之四時。

秦代對自然山川神祇崇拜已具相當規模。後世所崇奉的各類神廟，此時皆已出現，雖然這些神祇尚帶有地方性，但也可看出秦代崇奉神祇向全國範圍展開的趨勢。秦代對宗廟

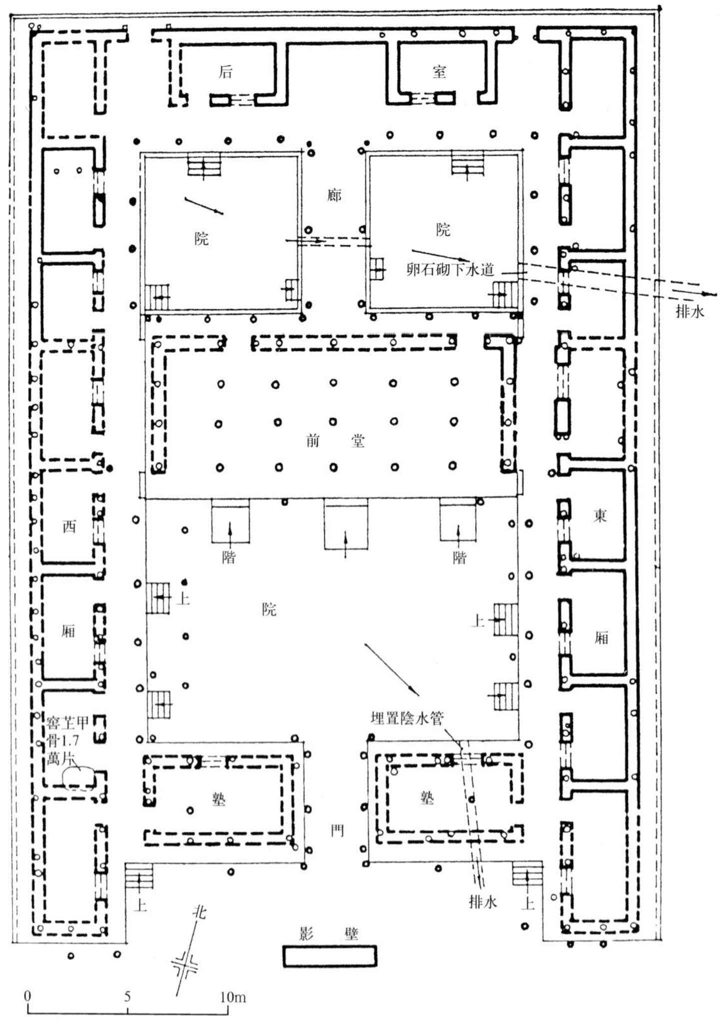

圖七　陝西岐山鳳雛村西周宗廟遺址平面圖

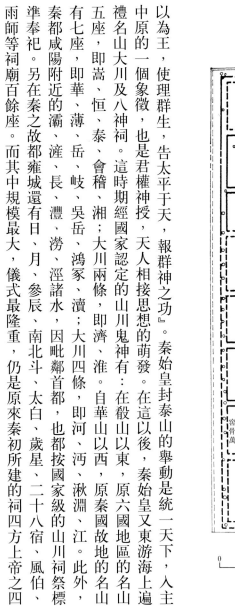

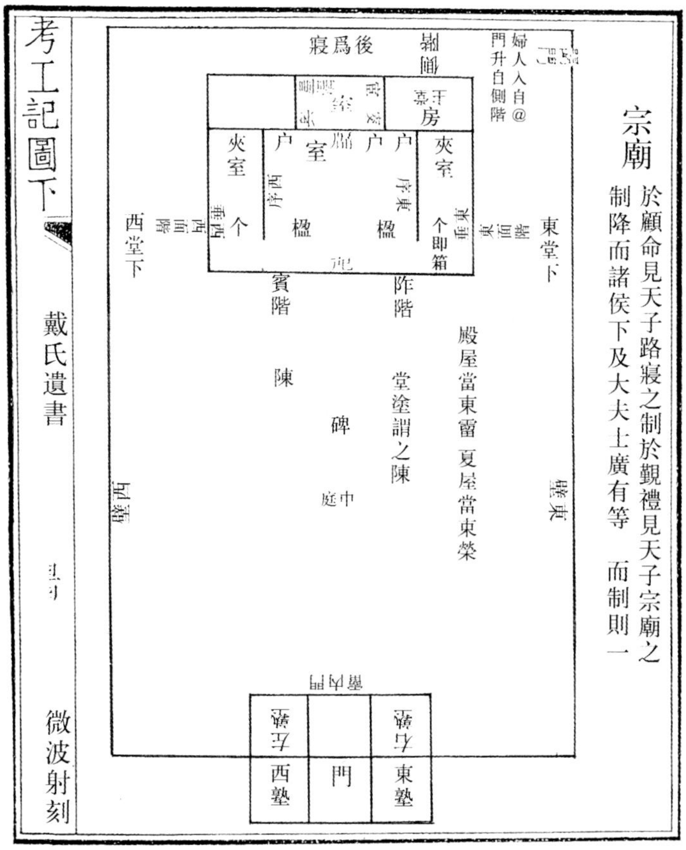

圖八　戴震《考工記圖》中周宗廟復原圖

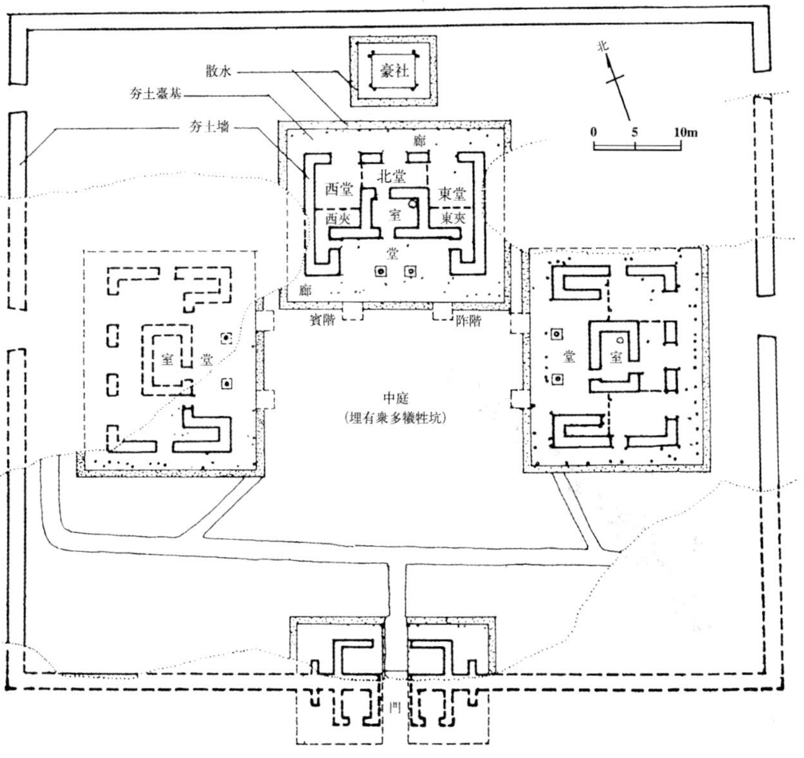

圖九　陝西鳳翔馬家莊秦國宗廟遺址平面圖

仍十分重視，曾對歷代祖先設祭，在渭水之南建有七座宗廟。秦始皇去世後，秦二世曾將太極廟（原為信宮）改為始皇廟。這也説明宗廟與殿堂制度上及規模上皆極類似。

漢代建立以後基本上承襲了秦代的政令制度，包括祭祀制度。漢高祖在長安將原戰國各國（如梁、晉、秦、荆楚）等的巫祝集中起來，分別按時祭祝有關地方神祇，如天、地、房中、堂上、東君、雲中、司命、族人、先炊、九天等神。同時增加了祭祀黑帝的北時，與秦時的四方上帝的四時并稱五帝，進一步完善了五方五色的上帝神位。漢高祖元年（前二〇六年），『二月癸未，令民除秦社稷，立漢社稷』（《漢書·高帝紀》），社稷即是代表國家政權的土地神及農耕經濟的五穀神的祭祀場所。考古發掘已証明太社的具體位置在長安南郊王莽九廟的西南方，正對未央宮前殿；太稷又在太社的西南方。其布局皆為

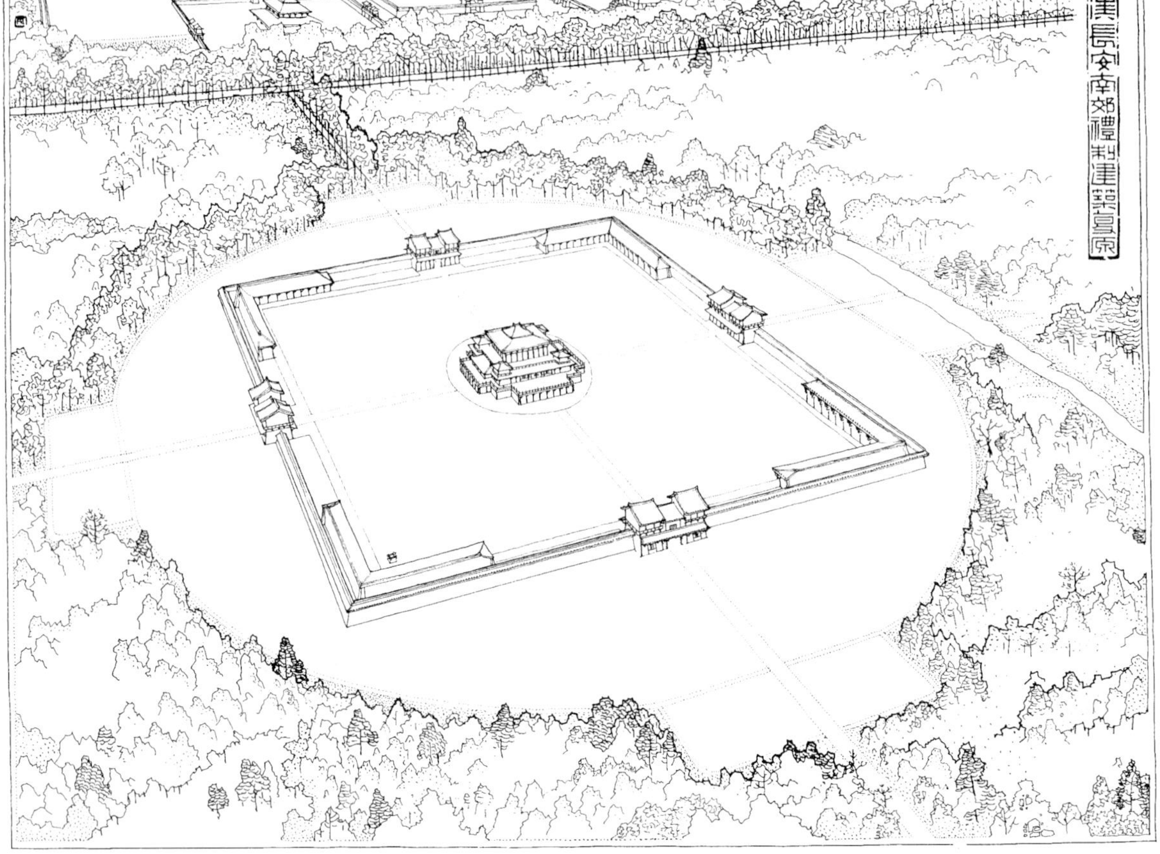

圖一〇 漢長安南郊禮制建築復原圖

中心為夯土築成的主體建築，四周有廊廡，兩重牆垣，四出門的形制（圖一〇）。漢高祖還命各縣普遍建立官社，以祭各地土地神祇。同時在原籍本地建立枌榆社，表明他崇拜故土源頭的鄉土觀念。漢高祖八年，又『令郡國縣立靈星祠，常以歲時祠以牛』。靈星是天上星宿之神，管轄人間農稼，教人種百穀為稷，即后稷之神。雖然傳說自夏禹時代已經開始有社主、后稷的祠祭儀式，但至漢高祖時，纔完全將社神稷神國家化、制度化，說明農業生產在封建社會中成為主導生產方式。

漢文帝時為鼓勵生產，恢復農業經濟，又按古時記載的天子親自架耒耜，躬耕籍田，為民先導的故事恢復了籍田，並在籍田附近設壇奉祀先農神，這就是先農壇之始。漢初并開始在春桑發葉之時舉行祭祀蠶神的禮儀。按男耕女織的習俗，祭蠶禮是由皇后主持的。在以後各朝也增加了導游儀式，增築了先蠶壇、采桑壇、蠶屋、繭館等建築。

漢武帝『尤敬鬼神之祭』，在他在位期間增加了不少神祠，其中最重要的是『太一祠』。據《史記·封禪書》記載，亳人謬忌奏稱『天神貴者太一，太一佐曰五帝，古者天子以春秋祭太一東南郊，用太牢，七日，為壇，開八通之鬼道』。于是漢武帝在長安東南郊建立一座『太一祠』。新的太一神是天上最高貴的神，原來的五帝祇不過是太一的助手，在平行的五帝之上出現了最高的太一神，這是建立了統一的封建國家的中央集權制進一步加强的反映。太一祠壇的神位安排也說明了這一尊卑關係，太一壇居中，三層壇基，五帝神位環居其下，各如其方色，而黃帝安排在西南道。皇帝除應時祭祀太一神外，為了除病，征戰勝利的需求也要向太一神祈禱保佑。此外，漢武帝還聽從祠官寬舒的提議在河東汾陰建立后土祠，武帝親自望拜。由于太一、后土祠的建立，封建國家帝王告拜天地就有了固定的處所。漢武帝另一件祠祭大事

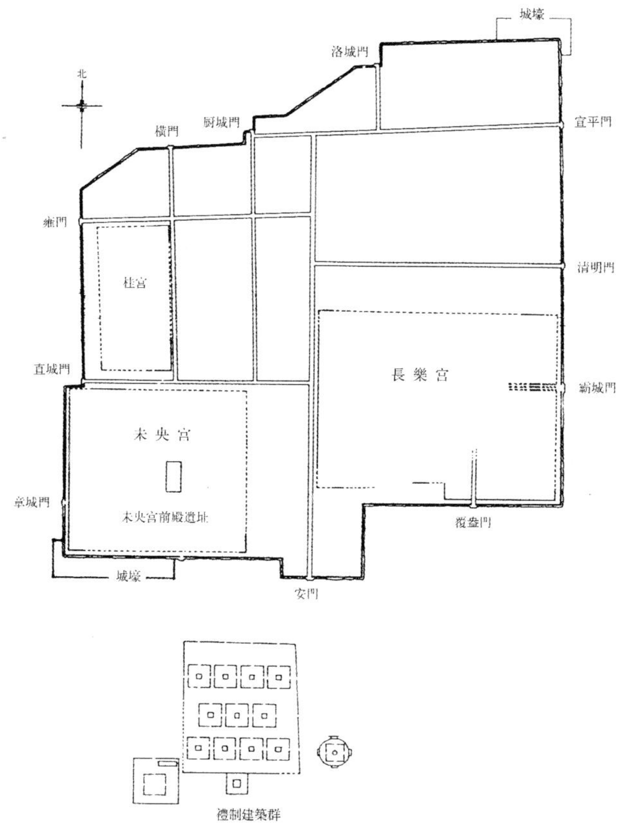

圖一一　漢長安王莽時期禮制建築群位置圖

即是封禪泰山。古史傳説，在泰山上築土為壇以祭天，報天之功，稱作『封』；在泰山下名梁父的小山上進行儀式，以報地之功，稱為『禪』。凡是人間帝王『易姓而王，致太平，必封泰山，禪梁父』。據説戰國時代以前曾有七十二代帝王進行了封禪泰山儀式，武帝為完成這一心願，故親自去泰山主持封禪大典。

有關祖先宗廟的歷史記載稱：唐虞時代立五廟，夏五廟，殷制七廟，周制七廟等，都無進一步的史証資料。據《漢書》記載，漢高祖時建立的上皇廟，及以後建立的高祖高廟、孝文帝的太宗廟、漢武帝的世宗廟皆是國家祭典的宗廟，并且規定每月將已故皇帝的衣冠抬出來游行一次，以示紀念。此時宗廟皆是一帝一廟，而且後來皆將已故皇帝的宗廟脱離都城，遷至陵寢內，歲時祭祀。

西漢末年，王莽主政，對當時的政治制度多所改易。在壇廟設置上他繼承了匡衡等儒家的意見，即天子每年在首都南郊北郊祭天地，而且以高祖高后為配，這就改變了秦代以來在各地分祀五帝的做法，進一步將祭神禮統一在政治中心內，同時將天子祖先與天上神祇聯係在一起。王莽時期另一項重大壇廟活動，就是為王氏家族的高貴源流找到根據，而在長安南郊建立巨大的宗廟建築群，史稱『王莽九廟』。五十年代考古工作者已將其遺址發掘出來。這組建築群包括有十二座建築，由北向南按四—三—四—一的中軸對稱式布局排列，每座建築的規制相同，即中央為方形夯土高臺，臺上有方形木構建築，四出陛，土臺四周有圍牆，四正向設門，四隅向有曲尺形角屋。正南部的一座建築較其餘的大一倍，估計為黃帝太初祖廟，統領其餘各廟（圖一一）。遺迹的規模及尺寸與《漢書》記載相同。王莽九廟的東西尚有辟雍與明堂建築，説明新莽時期壇廟建設規模之巨大，僅王莽九廟的建設就耗『功費數百鉅萬，卒徒死者萬數』。

以圖讖起家的東漢光武帝奠都洛陽以後，也十分重視鬼神之事，他『起高廟，建社稷于洛陽，立郊兆于城南』。（《後漢書·光武帝紀》）其中以祭天地的南北郊最有特色，據《續漢書》記載，東漢南郊即祭天的處所，在洛陽城南七里，做一圓壇，周圍有八座踏步，圓壇之上又做一壇，上邊排天一、地神位，下層壇安排五帝神位，壇外又環以兩重壝牆，

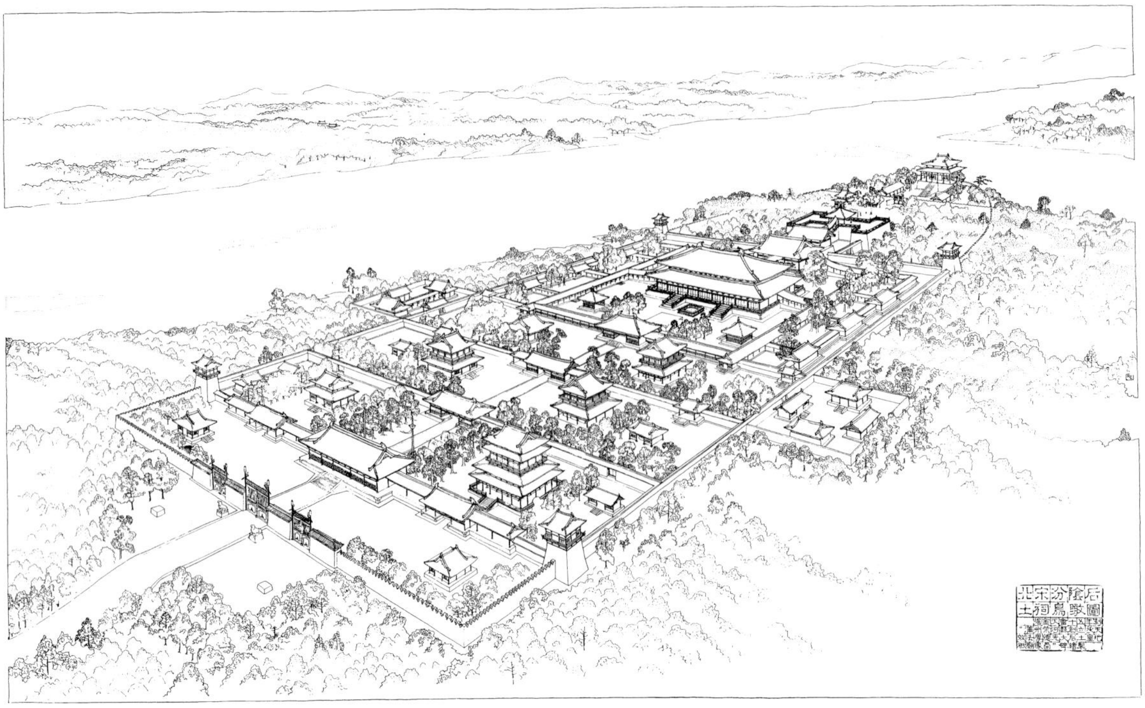
圖一二　北宋汾陰后土祠復原圖

四面開門，門外通道兩側布置日、月、北斗諸神位，在各方營門内外布置星宿、五岳、四海、四瀆等各類神祇一五一四位。北郊為祭地之所，在洛陽城北四里，方壇，四面出踏步，地祇神位在壇上，其餘的五岳諸山神各依其方，淮、海、河、濟、江諸水神分列各方。可以説南郊、北郊二壇把天神地祇山川神靈都供養在上邊，祭祀起來，十分簡便。這種在都城集中進行天地祭祀的方式，雖自西漢末王莽時代已經開始，但制度完備是東漢初完成的，這種方式一直作為以後歷代帝王郊天地的準則。在這期間五帝的地位日漸不顯，而太一天帝逐漸改稱皇天帝，或昊天上帝，成為至高無上的天帝。東漢光武帝在壇廟建設上的另一創舉為建武二年在洛陽城之南建宗廟及太社稷，分列左右。至此，纔第一次明確地完成了《周禮・考工記》中所記載的『左祖右社』的布局，并成為封建王都規劃中重要的組成内容。光武帝在宗廟方面也進行了改革，改變了漢初以來一帝一廟的格局，形成一廟多室，群主异室，自此歷代不變。

魏晋南北朝時期的壇廟設置基本因循漢制，少有增損。其主要内容仍為南北郊壇、社稷壇、先農壇、先蠶壇、太廟、明堂等項。其中較有差别的是：北朝遵循漢代鄭玄之觀點，在祭祀天地時分立四壇，即圜丘祭昊天上帝，南郊祭感生上帝及五方帝，方丘祭昆侖地祇，北郊祭神州地祇；而兩晋及南朝則依王肅的説法，認為丘、郊合一，故僅設兩壇，南郊祭天，北郊祭地。這種差别也影響到後代，如唐代依兩壇説，而宋代則依四壇説。此外，如求雨的雩壇、求子嗣繁衍的高禖壇，則時有興廢。至于日月神的祭典在西晋之際皆在宮内殿庭上舉行，至北周時，纔開始在國都東西郊築壇設祭，完成了四郊祭奠的格局。

（二）壇廟建築的定型

初唐時對山川祭典加以整頓，唐高祖、唐太宗時期明確規定了對五岳、四鎮、四海、四瀆等山川神的祭祀。至唐玄宗開元十三年又册封五岳神及四海神為王，四鎮神、四瀆神為公。至此不但將山川神祇系列固定化，消除了早期各朝分裂割據時所形成的混亂的地方性山川神祇；并且進一步擬人化，以天庭比喻人間，將山川諸神與昊天上帝形成君臣關係，形成一統的神祇體系。這也是封建集權關係的加深在信仰上的反映。

初唐時另一項創舉即是武德二年在京師國子學（國家培育最高儒生的學府）建立周公及孔子廟各一所，按季致祭，此為文廟建造之始。後貞觀四年令州縣學皆立孔子廟，文廟遂遍于全國。自漢武帝倡導儒學成為國學以後，為推尊孔子興學的功績，在國子學中就學的儒生皆要舉行釋奠之禮，以紀念先聖先師周公、孔子。至此由簡單的禮儀發展成為廟祭，并由儒官自己掌握，説明儒學逐漸宗教化的趨勢。隨著歷代帝王對孔子不斷加封神化，各地文廟也成為當地的重要壇廟建築，而學宮反而成為文廟的附屬建築。各地衆多的文廟與逐漸擴建的孔子故居的山東曲阜孔廟構成了全國的孔廟系統，從建築規模上講，并不亞于宗教建築。

武則天自立為帝，為顯示權威，倡議建造明堂以恢復古制。明堂為古代宣明政教之處所，為歷代帝王所推崇的一種禮制建築，但因年代久遠，其形制一直不明。武則天按照自己的意圖，自我作古，毀洛陽乾元殿，建成一座三層的明堂大屋，成為一代巨構。

唐玄宗時進一步推崇道教，認老子李耳為祖先，因此特別將太清宮提升為大祀之列，類于太廟。又將道教中關于天體運行與人間吉凶相比照的思想，按《洛書》中所示的數列，創立『九宮貴神壇』，成為僅次于昊天上帝的神壇。這些都是唐代的特例。

宋依唐制，按唐《開元禮》加以損益，在開寶六年（九七三年）編成《開寶通禮》二百卷，其中所列壇廟制度皆類似唐代。宋真宗景德年間，又特別恢復了在河東汾陰脽上的后土祠的祭禮。后土祠是漢武帝時修建的，東漢以後改在首都北郊以祭地祇，沿襲至南北朝隋唐，故汾陰后土祠未得到十分重視。宋時又特增祭典使汾陰祠成為一重要壇廟，金代時又大加修建（圖一二）。這座壇廟瀕臨黃河東岸，地理形勢極佳，早年漢武帝來祭后土神時，曾乘興作秋風辭一首，成為古今佳句。至今后土祠仍存，其中祠廟後部秋風樓高聳雲端，橫架嶺上，是晉南著名的三大名樓之一。

北宋末年宋徽宗當政，他對道教的崇信達到了癡迷的程度，自稱道君皇帝，因此將一些道教神祇，也上升為國家禮制祭典。在壇廟設置上增加了許多新內容，如熒惑壇、太乙宮、陽道觀、蠟壇等。另外，他為了效仿三代，刻意復古，下令在京師建造明堂，任蔡京為明堂使。建成了一座長十八丈九尺，寬十七丈一尺的大建築，這也是明堂禮制建築的最後一次創建。

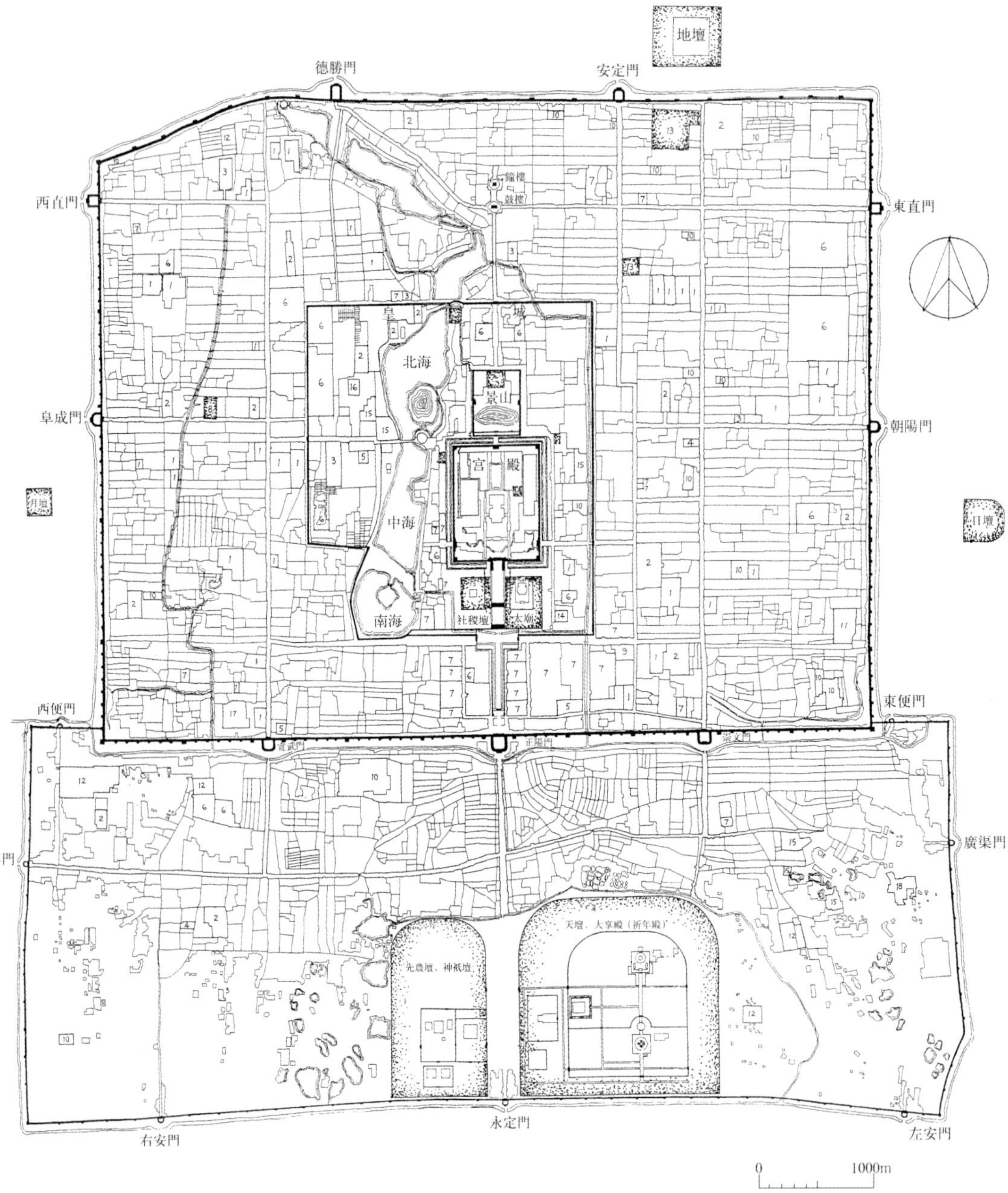

圖一三　清代北京壇廟分布圖

金元時代傳國日短，禮制未備，因此壇廟數量大為減少。至明洪武初年，國家再一次整頓禮制建築，系統地規定了壇廟的建置及規模。

（三）封建壇廟建築的最終系列

明清兩代在歷代壇廟調整興廢的基礎上，最終確定了滿足禮制需要的壇廟建築系列，這也是較以前歷代更為簡約明確的壇廟系列。按《大清通禮》記載，它們分為兩大類，即自然神祇壇廟及人文神祇廟宇。

屬于自然神祇壇廟的有天、地、日、月、先農、先蠶、社稷諸壇，風、雲、雷、雨諸神廟，皆建于京師（圖一三）。五岳、五鎮、四海、四瀆神廟建于各地。又特別崇奉東岳泰山，各地廣建東岳廟。此外尚有城隍、火神、龍神等特定神祇廟宇。

天壇位于京師正陽門外，為冬至舉行郊天，孟春舉行祈穀的地方。祭天于圜丘，同時有大明、夜明、星辰、雲雨風雷四從壇配享。地壇位于京師安定門外，為夏至日舉行祭地之禮的地方，同時有五岳、五鎮、四海、四瀆四座從壇配享。朝日壇在朝陽門外，為春分日祭日神之處。夕月壇在阜成門外，為秋分日祭月神之處，同時以北斗七星、木火土水金五星、二十八宿、周天星辰為從壇配享。先農壇位于正陽門外，每年三月皇帝帶領百官在此舉行耕耤田之禮，以表示恭行稼穡，養民務本之意。雍正年間還令各府州縣也要立先農壇，以使為官者存重農課稼之心。先農壇內同時設置太歲殿、天神壇、地祇壇等，以及與天時農作有關的神祇。先蠶壇在北海之東北角，每年春天由皇后舉行禮蠶儀式。社稷壇是國家重要祭祀壇廟，位于紫禁城午門之西，每年春秋仲月設祭，祈求上天保護國家政權。雍正年間并將祭社稷之禮擴展到各地，府州縣均設壇致祭，成為禮制的一項重典。雲雨風雷神原來在祭天時作為配享，但雍正年間又特建風神廟（名宣仁廟）、雲師廟（名凝和廟）、雷師廟（名昭顯廟）于禁城之東西兩側，因每年孟夏在天壇要舉行雩禮，以為百姓農稼祈雨，所以就没有另建雨師廟。此外，京師尚有一處特殊的神廟，名為堂子。清代滿族崇信薩滿教，薩滿教教義認為天上有一威靈的天神，可保佑人間禍福，所以清代統治者入關以後，按照舊儀，在北京長安左門外御河橋建堂子以供奉天神，每遇大事、元旦、春秋兩季、出征、凱旋等皆在堂子內祭告天神，實際上這是一種宗教性的建築，但由國家掌握。

清代的五岳神廟是指東岳泰山泰安府岱廟、西岳華山華陰縣西岳廟、中岳嵩山登封縣中岳廟、南岳衡山衡山縣南岳廟、北岳恒山曲陽縣北岳廟（後改在渾源縣望祭）。五鎮廟是指東鎮沂山于青州、西鎮吳山于隴州、中鎮霍山于霍州、南鎮會稽山于會稽（今紹興）、北鎮醫巫閭山于廣寧衛（今北鎮）。四海神廟的位置為東海萊州、西海蒲州、南海廣州、北海濟源。四瀆神廟位置為河瀆同州（今永濟）、江瀆益州（今成都）、淮瀆唐州（今桐柏）、濟瀆洛州（今濟源）。此外還加封過黃河龍神、運河龍神、長白山神、洞庭湖神等不一而足。這裏邊特別要提到的是東岳廟。泰山被認為是五岳之尊，古代帝王行封禪大禮之地，故歷代累次褒封泰山神為『天齊王』、『東岳天齊仁聖大帝』、『東岳天齊大生仁皇帝』，把泰山神抬到天上帝王的高度，後來又經道家的渲染，認為泰山神為『百鬼之主帥，主治人間死生』。所以各地廣建東岳廟，并訂夏曆三月二十八日為祭日，把東岳廟抬高到一個特殊的地位。清順治八年亦在朝陽門外元明時代東岳廟舊址上遣官致祭。

自然神祇方面尚有一些民間傳承的神廟，亦由國家設祭承認的，如北京西北郊黑龍潭龍神廟，地安門外的火神廟，玉泉山龍神廟，以及城隍廟等。此外尚有一些神祇如炮神、司工之神（主掌工程）、司機之神（主掌織機）、琉璃窑神、倉神等，皆設木主隨宜設祭，不設廟宇。

屬于人文神祇的廟宇有太廟、孔廟、文廟、歷代帝王廟、關帝廟、昭忠祠、賢良祠，以及按社會地位與等級，由民間設祭的祖宗的家廟和祠堂等。從總的數量來説，這類祠廟占了大多數，也可以説是禮制建築的基礎。

太廟是祭祀皇帝祖先的地方，亦可稱之為祖廟。明清兩代帝王的太廟建在紫禁城午門之左，每逢元旦、清明、中元、除夕、萬壽節在此舉行祭祖大禮。此外又在宮城内建奉先殿，作為宮廷内部的祖廟。此外在《大清通禮》中又規定了親王、貝勒、貝子、品官的家廟制度，以及庶士的寢薦制度，是自周秦以來諸侯士大夫立宗廟制度的延續。

孔廟是在山東曲阜闕里孔子故里基礎上擴建的紀念孔子的廟宇。自東漢桓帝立廟以來，歷代擴建重修，形成南北長達六三〇米的巨大廟宇，其制度可類比帝王宮殿，在壇廟建築中是極為特殊的實例。在古代為提高儒學的地位，除尊孔丘為至聖外，又將在儒學發展中有巨大作用的孟軻、顏回、曾參封為亞聖、復聖、宗聖，分别建造了鄒縣孟廟、曲阜顏廟、嘉祥曾廟。

文廟之制始自初唐，以後歷代廣建文廟，除京師立廟以外，府州縣各地皆立一所，舉行對孔子的釋奠禮。現存文廟中著名的有北京文廟、蘇州文廟、正定文廟、建水文廟、富順文廟等多處。乾隆五〇年為附會天子臨雍講學之義，在北京文廟西邊的國子監中建造了一座辟雍建築，也可説是禮制建築在清代的一種創造吧！

歷代帝王廟是承續明代所建，位于阜成門内，為祭祀歷代帝王之處。

關帝廟是紀念關羽的忠義行為，也是封建帝王為配合孔廟的建造而倡導興建的，以形成文襄武弼之勢，故關帝廟又稱武廟。順治時即在北京建造有關帝廟。全國最大的關帝廟在山西運城市解州鎮上，此地為關羽的故里。

此外，尚有奉旨特建的昭忠祠，在崇文門内，紀念清初戰爭中死亡的將士。賢良祠在地安門外，紀念賢臣良弼，以勞定國之士。以及特準旌表的功臣名將的祠堂，如雙忠祠、旌勇祠、孔有德祠等，還有在禦灾捍患方面有功于民的傳説諸神，如海神天妃廟（又稱天后宫，福建一帶稱媽祖廟）、都江堰二王廟等。

同時，民間也尚流傳下許多名人紀念祠堂，如武侯祠、三蘇祠、司馬遷祠、包公祠等。這些祠廟雖然没有列入國家祭典，但在民間威信極高。在對這些祠堂的禮拜中，人民

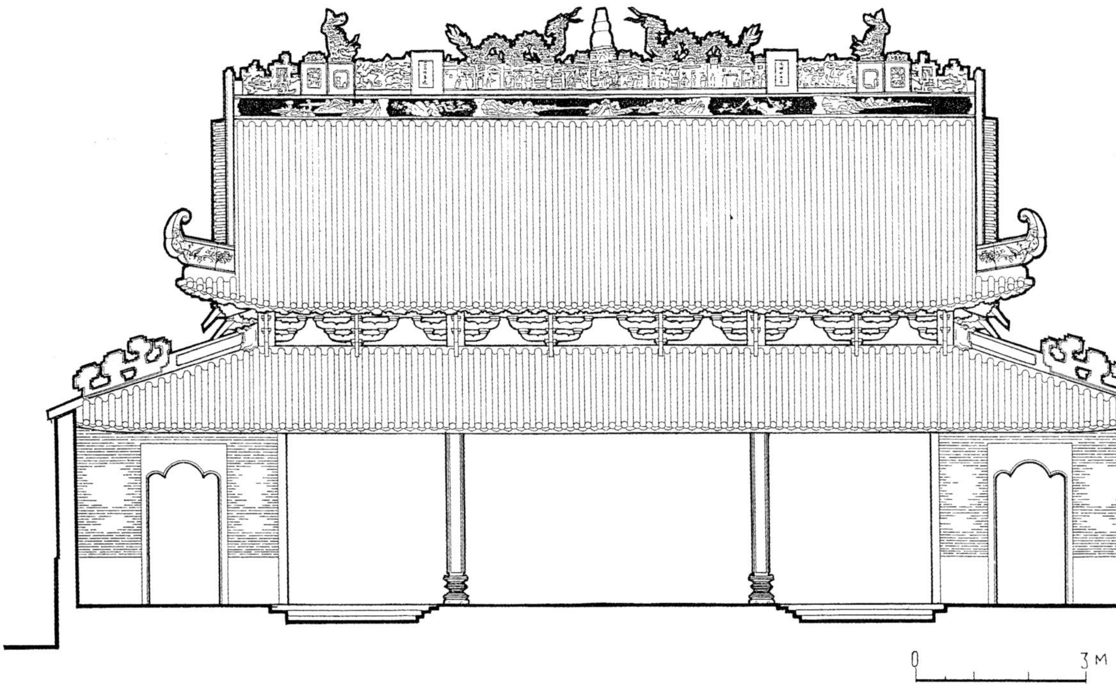

圖一四　廣東德慶龍母祖廟大殿立面圖

心中的景仰敬佩之情遠遠大于祈福求助之意。

從明清壇廟系列可以看出歷代曾出現過的許多壇廟消失了。例如，古代有禋六宗之禮，祭祀六位天神。但六位天神的具體職能又各有其說，因此在封建後期鬼神體系逐漸分明以後，這種含混不清的祭典就廢除了。又如五祀之禮，是對居處生活有關的神祇進行祭祀，即户、竈、中霤（庭院）、門、行（道路）五項，分別掌管人類出入、飲食、居處、行走等項的安全。但隨著人類生活條件的改善，居處生活逐步豐富，這種五祀之禮已不能概括，僅有少量内容保留在民間信仰中，如竈神、門神等而已。又如䄍禮也是很古老的禮儀，八位䄍神都是與農耕有關的神祇。但是國家設立先農壇以後，大䄍禮就没有必要了。又如雩禮是祭拜雨神的，設有雩壇。因雨與農耕有關，以後則歸入先農壇從祭，到清代以後則消失了。而在民間傳說中，龍王可治水，則人民祈雨的活動轉向了龍王廟。

清代也出現了一些自發性的民間祠廟。如漳州的開漳聖王廟，它是紀念唐朝開闢閩南有功于民的陳元光。廣東德慶的龍母祖廟，是祭祀傳說中當地的始祖龍母的（圖一四）。其中最興盛的是福建的媽祖廟，又稱天后宮，它是紀念莆田漁民之女，名叫林默，她能博曉天象，飛行海上，平波息浪，保護船民。媽祖廟盛行東南沿海一帶及臺灣，以後隨著漕運的開闢，又廣建于大運河沿岸各城鎮中。

三、各類壇廟建築述略

（一）自然神祇壇廟

這類壇廟的建築布局可分為兩種情况：一種是仍保持露天壇祭的規制，如天地、日月、先農、先蠶、社稷諸壇；另一種則吸取宮殿規制，祭祀活動改為屋祭，如山川、風雨、城隍、土地諸神廟。

天壇及地壇

祭天地活動是古代社會最隆重的祭典。在殷墟卜辭中就出現了『帝』，把天帝作為至上神來崇拜。至周代更把祭天權與統治權相聯係。表示帝王統治國家是『受命于天』的權利。故《五經通義》曰『王者所以祭天地何？王者父事天，母事地，故以子道事之也』，皇帝即是天之子。按《逸周書·作洛》稱，『乃設郊兆于南郊，祀以上帝』，可知周代禮制，祭天位于都城南郊。古代以南方屬陽，北方屬陰，天為陽，故祭于南郊，地為陰，故祭于北郊，南北相互對應。後來又以日月設祭于都城東西，形成四方設祭的布局，這一點在明清北京城規劃中是嚴格執行的。

歷代祭天壇場的形制屢有變化，這種變化又往往是與對天神的理解相聯係的。例如周代僅有祭天禮，在高處建立壇場，不一定是圓壇，也不一定在郊外，有些就是在殿庭、周廟或大室中舉行，因為當時天帝僅為一抽象概念，天圓地方之說尚未建立。秦代以地方政權崛起西陲，故其首先崇奉地方天神——白帝，漸漸吸收四方四時學說而建立六時（白帝時有三座）的四方四色的神廟群。漢時五行五色之說確立，故漢高祖又建了黑帝時，而成五天帝廟。漢武帝完成大一統，所以崇信惟一的天帝，即謬忌所建議的太一壇，為了與原來的五帝壇相調合，纔出現了鄭玄所說的『六天』之說，即太一為至高神，五帝為方位神，相互輔配。此時的太一壇為八角形，三層，太一神居中，五帝神環列，各如其方。祀天場所亦移至國都之近郊。後漢光武帝吸收了王莽時的創意，將郊壇設計成重壇重壝制度，即中間為圓壇兩層，八向踏步，上層壇供天帝位，下層壇設五帝位，外圍為兩重方形壇壝，四方設門，門內外的通道兩側設山川、星宿、先農、風雨諸神位，即形成龐大的以天帝為中心的自然神祇群。初唐時一度將圜丘設計成四層，以區別于其他自然神祇壇。唐中期又迷信道教的宇宙觀，建立九宮貴神壇以祭天，所以這種神壇又設計成方形兩層壇，上層再按九宮格築成九座小方壇，形制十分特殊。金元時壇制皆為三層。而明初又恢復了漢制，圜丘壇仍改為兩層。至洪武十一年（一三七八年）對祭天禮作了重大的改動，主要內容有兩點：一是將南北郊天地分祭之制，改為天地合祀之典；二是在圜丘舊址上建立殿屋及配殿，名之為大祀殿，臺座變為方形，改露祭天地為屋祭天地，這是前代所沒有的創舉（圖一五）。永樂建都北京，仍依洪武舊制，于永樂十八年（一四二〇年）于北京麗正門（正陽門）外建天地壇、大祀殿，合祭皇天后土（圖一六）。正因為明代是天地合祭，所以天壇的外壇牆做成北為圓形，南為方形，以符合天圓地方之說。

今日天壇格局是在明嘉靖九年（一五三〇年）的進一步改建中纔形成的。此時恢復了

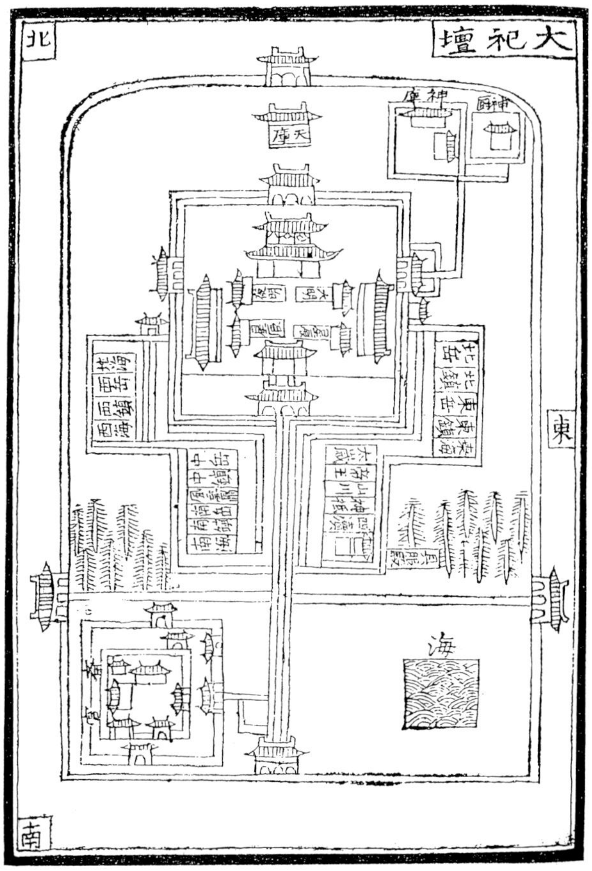

圖一五　明弘治本《洪武京城圖志》中南京大祀壇圖

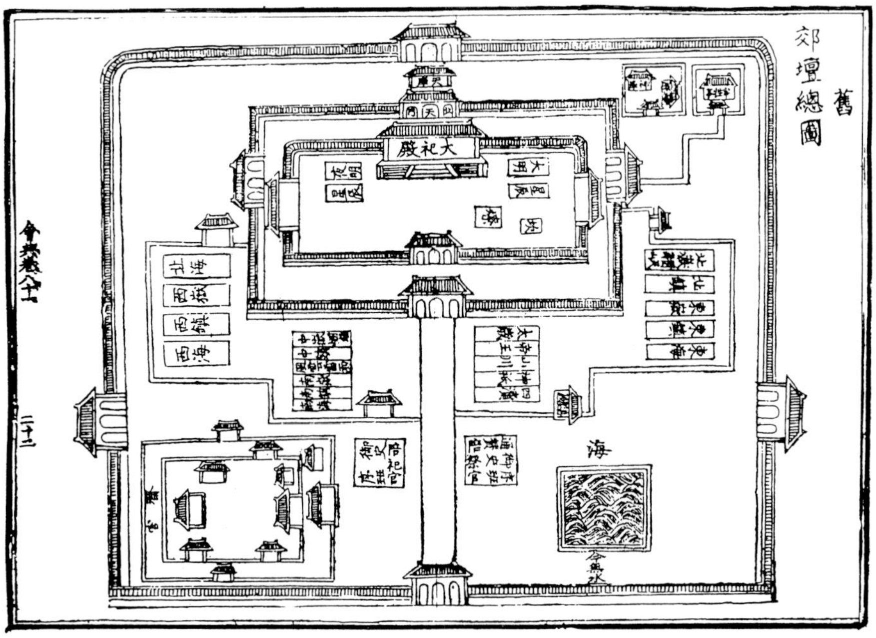

圖一六　《大明會典》中的永樂十八年建北京天地壇圖

天地分祀制度，在北郊另建地壇，并在東西郊建日壇、月壇，形成四郊分祀的古制。將原天地壇專作為祭天祈穀之所，更名為天壇。此次改建沒有廢除大祀殿，而是在其南另建三層圓形的圜丘壇作為祭天之用。嘉靖十九年（一五四〇年）在圜丘之北建圓形建築皇穹宇，以貯藏天神牌位，使圜丘一組建築更為完備。嘉靖二十二年（一五四三年）又在原大祀殿的基址上將矩形殿屋改建成圓形三層臺基三重檐攢尖頂的大亭式建築，更名大享殿，作為祈穀豐收的崇禮之所（乾隆時改名祈年殿）。這樣就形成了雙圜聳立，南北呼應，輪廓圜和，空間廣闊的一組特殊的禮制建築群。明嘉靖三十二年（一五五三年）北京建成南

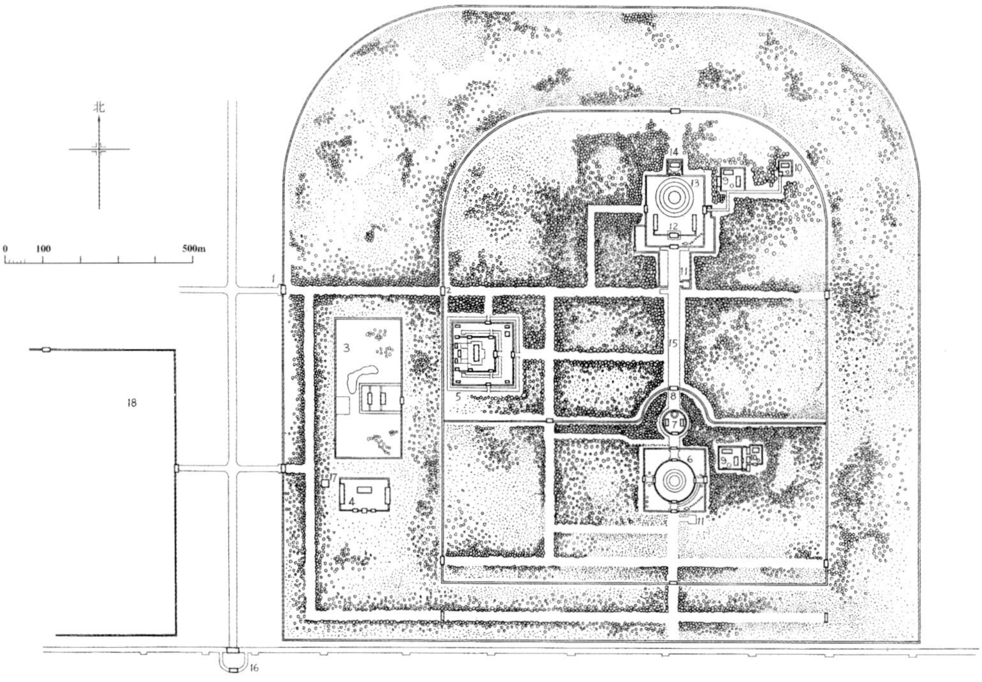

圖一七　北京市天壇總平面圖

1.壇西門　2.西天門
3.神樂署　4.犧牲所
5.齋　宮　6.圜　丘
7.皇穹宇　8.成貞門
9.神厨神庫　10.宰牲亭
11.具服臺　12.祈年門
13.祈年殿　14.皇乾殿
15.丹陛橋　16.永定門
17.鐘　樓　18.先農壇

外城，將天壇包于外城之內，為了與永定門大街及南城牆相銜接，而增築了外壇牆。外壇牆僅建了南西兩面，而東北兩面沿用原明初的壇牆，僅在內部補築了內壇牆，仍保留南方北圓之制，形成今日天壇總體布局軸綫偏東的現象（圖一七）。

清乾隆十四年（一七四九年）在明代天壇基礎上又作了重要的改建。將圜丘壇體擴大，由明代的十二丈擴為二十一丈，并將原來青色琉璃磚欄杆及方磚地面改用漢白玉石欄杆及艾葉青石地面，使圜丘壇更為舒展潔淨。同時將明嘉靖時祈年殿三重檐瓦的顏色，即上檐青色，中檐黃色，下檐綠色，以象徵天、地、穀之意，改為一體青色琉璃瓦。這一改變使祈年殿外觀色彩更為純淨凝重大方，與天色蒼茫的青天相協調，其藝術感染力更為強烈（圖一八、一九、二〇）。

天壇面積廣闊，占地約二七三萬平方米，約等于北京外城的十分之一，故宮的四倍。在如此遼闊的地區完全應用與宮殿、廟宇迥异的建築布局與造型藝術手法，其所表現出的藝術光輝永遠閃耀在我國古代建築史册，在世界建築史上也是難得的瑰寶之一。

天壇的建築藝術構思主題是要表現『天』的偉大與天人相接的思想。為此目的，匠師們采用了環境陪襯，天軸設置，象徵暗喻等各種藝術手段，來表現『天』與『人』的關係，相輔相成，密切結合，形成一件完整的建築藝術創作。

天壇的總體布局十分簡單，在略呈方形的用地上建造內外兩層壇牆，內壇偏東的南北軸綫上布置了圜丘與祈年殿兩組建築群。圜丘壇在南部，是由三層漢白玉石壇組成，為祭天之所。祭祀時在壇上臨時架設幄幕。圜丘壇外又圍以圓、方兩層壝牆（矮牆），壝牆四正面各設漢白玉石欞星門三座。壇北有圓形平面的皇穹宇一組建築，為供養天神神主的地方。祈穀壇在北部，亦為圓形三層漢白玉石壇，壇上建造圓形三重檐的祈年殿，殿的東西兩側有配殿，前部為祈年門。整個祈穀壇坐落在一個磚砌高臺上，四面設置了磚券門。祈穀壇後方有皇乾殿，是供養皇天上帝的地方。圜丘壇與祈穀壇之間以一條高二·五米，長三六〇米的鋪磚神道相聯係，又稱丹陛橋。整個內壇、外壇及丹陛橋兩側廣植松柏，老幹虬枝¡A蒼勁挺拔，林海茫茫，一望無際，進入壇區一種曠野自然的氛圍撲面而來。在二百餘

圖一八　北京天壇祈年殿

圖一九　北京天壇皇穹宇正殿

公頃的遼闊自然環境中，僅布置了圜丘、祈年殿、齋宮、神樂署四組建築，建築密度極低，人們行進在樹林圍攏的自然環境之中，自然平心靜氣，仰望蒼穹，發出與天溝通的遐想。通往圜丘的丹陛橋通路設計成為二・五米高，人行路上，兩側不見土地，有如浮行在樹冠之上，飄然物外，有登天之感。及登圜丘壇，舉目四望，古柏蒼翠欲滴，壇體潔白似玉，天空蔚藍如海，這種大空間的顏色配比，益增對天的偉大、神聖、完美的崇敬心情。天壇是利用空間環境來對人們思緒產生巨大影響的成功實例。

中國傳統建築布局的軸綫處理皆是呈平面狀展開，或南北，或東西，重疊反復，不斷擴展。而天壇一反傳統院落式布局手法，而將軸綫安排在兩壇的垂直方向，軸綫直指蒼天。圜丘壇圍繞這個天軸形成三層壇，兩層牆，二十四座欞星門；祈穀壇也是圍繞天軸展開平面的各種布局，雖然在兩壇之間也有南北軸綫，但僅為次要軸綫。人們進入壇區引起深刻注意的是這指向上方的天軸，這是天壇空間藝術所追求的構圖目的——天的藝術。

天壇建築的另一項突出藝術特色即是象徵手法的廣泛應用，它表現在形、數、色三方面。中國自古即有『天圓地方』之説，所以天壇建築形體上應用圓形極多，如圜丘壇、祈穀壇、祈年殿、皇穹宇、皇穹宇圍牆皆為圓形，象徵『天』這一主題。而天壇內外壇牆采用北圓南方，圜丘二層壝牆采用內圓外方，都是象徵『天圓地方』這一主題。數的象徵是源于原始的陰陽觀念，以陰陽觀解釋一切自然現象，數字亦分成陰陽，以一、三、五、七、九等奇數為『陽數』，而以二、四、六、八偶數為『陰數』。天為陽，地為陰，故天壇建築規則皆用陽數計量，且『九』為陽數之最高數值，也代表了至高無上的皇權與神權，故在天壇設計中使用尤多。壇臺分為三層，上層徑九丈（一乘九），中層徑十五丈（三乘五），下層徑二十一丈（三乘七），這樣就將全陽數一、三、五、七、九暗藏在內。臺面鋪裝石塊亦為九的倍數，上層中心為一圓形石，圍繞此石鋪裝九圈面石，第一圈九塊，第二圈十八塊，……類推至第九圈八十一塊。中層、下層鋪面石亦各為九圈，每圈皆為九的倍數。三層壇臺周側的石欄板亦為九的倍數。圜丘壇四出踏步，每層踏步為九級。祈穀壇的地面、欄板亦為九的倍數。此外，祈年殿是祈求豐年的祭所，故其平面結構的數列則多象徵季節、月令等。如中間四根高達一九・二米的龍井柱象徵一年四季，中圈十二根攢金柱象徵十二月，外圍十二根檐柱象徵十二時辰，合起來二十四柱又象徵二十四節氣等。總之，匠師希望通過蘊藏在數字內的含義，來賦予建築以理性的解釋。

在色的象徵方面，由于中國歷來運用深綠色的常青松柏代表永恒、長壽、正直、高貴，廣泛用于壇、廟、陵寢中，從而使深綠色松柏代表了崇敬、追念、祈求的象徵意義。

圖二〇　北京天壇皇穹宇鳥瞰

又受『天藍地黃』的觀念影響，天壇主要建築皆用藍色琉璃瓦蓋頂，形成特有的藝術風格。

北京天壇是帝王祭祀建築中最有代表性的建築，它反映出我國紀念性建築的一些設計構思原則與手法，以及古代匠師的智慧，對今天的建築創作仍有啓發借鑒意義。

地壇在北京北城安定門外路東，以取天南地北之義，故設在城北。祭地之禮始于古代傳説，受命帝王皆要到泰山進行封禪禮，『築土為壇以祭天，報天之功，故曰封』，『泰山下小山上除地，報地之功，故曰禪』，分祭天地之神以為護佑。秦始皇、漢武帝皆進行這種祭祀。《周禮·春官·大司樂》中也記載了『夏至日，于澤中之方丘祭之』，故祭地壇場又稱為方澤壇。漢武帝時在汾陰設立后土祠以祭地，與太一神壇相匹配，至此，天地郊祭之禮遂成定制。這期間雖然有分祭、合祭之變化，但祭祀皇地祇已成為封建皇權的不移之舉。

北京地壇建于明嘉靖九年（一五三〇年）。主體建築為兩層漢白玉方形壇臺，下層安設有代表五岳山、五鎮山、五陵山、四海、四瀆神位的石座，壇周有水渠環繞，稱為方澤，渠外有方形壝牆兩周。壝牆之南有皇祇室五間，儲藏皇地祇神位。壝外西南部有神厨、神庫，西北有齋宮一座。整座地壇外緣又建造了方形內外壇牆兩周（圖二一）。

地壇的建築設計同樣引用了許多形、數、色的象徵手法。形體皆用方形，以象徵地。數字皆用偶數（陰數）。壇體兩層，上層方六丈，下層方十丈六尺，每層高六尺，四出踏步，皆為八級。壇上鋪設石板，皆為六、八之倍數。壇牆及皇祇室皆瓮以黃色琉璃瓦，以符『天藍地黃』之義。

日壇、月壇分設在北京東、西郊，其規制同樣受象徵手法的影響。如日壇正門朝西，主壇方五丈，高五尺九寸，四出陛，各九級，皆為陽數，圓形壝牆，東外牆為圓形；而月壇正門朝東，主壇方四丈，高四尺六寸，四出陛，各六級，皆為陰數，方形壝牆，方形外牆。可以説嘉靖九年一體改建新建的四壇是在統一設計思想指導下的成功的建築藝術作品。

先農壇

位于北京正陽門外大街之西側，與天壇相對稱。祭祀先農是一項很古老的制度，東漢即規定有天子耕耤田，兼祭農神的儀禮，歷史沿用之。北京先農壇建于明初永樂十八年（一四二〇年），原稱山川壇，壇內合祭先農、五岳、五鎮、四海、四瀆、風雲雷雨、四季

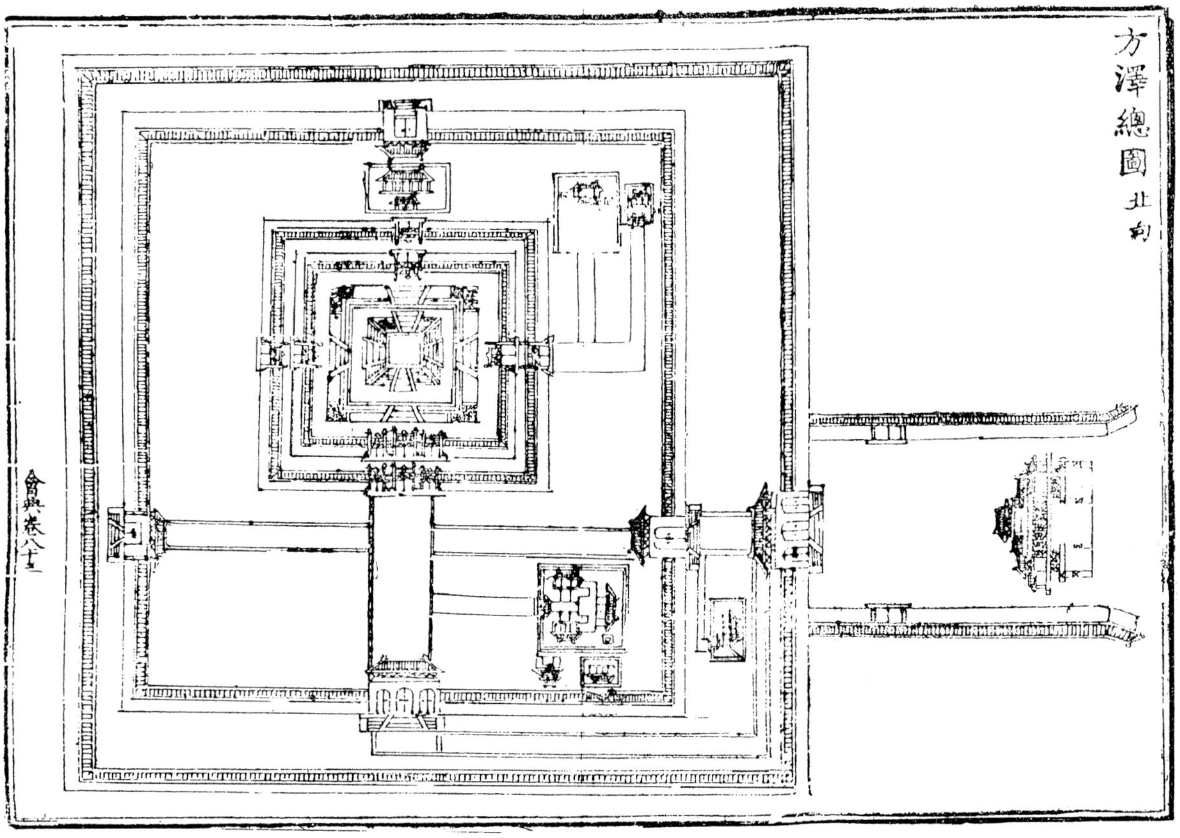

圖二一 《大清會典》方澤總圖

月將等神。其布局是按照南京明洪武所建的山川壇制度建造，所有山川神祇祭禮俱在殿屋内進行，形成一正殿兩配殿的獨立院落布局，僅有先農神在西南部建立一露天壇場，單獨祭祀。此外，西北角建有神厨、神庫、宰牲亭，東北部建有旗纛廟，東部有具服殿，南部為大片樹林，布局尚稱完整。嘉靖九年（一五三〇年）隨著對北京壇廟的整頓、調整，山川壇也有較大的變化。主要舉措是在南部建天神壇、地祇壇，將山川諸神改為露祭，先農壇更名神祇壇，并在原旗纛廟舊址改建齋宮。嘉靖十一年（一五三二年）又在山川神殿舊址改建為太歲殿，祀太歲神（值年之神），東西配殿供四季值月神將。并于其東建神倉，以收藏耤田中所收的穀物，故又稱此倉為天下第一倉。萬曆年間正式改稱為先農壇。清代基本依照明制，僅在乾隆二〇年（一七五五年）將齋宮改為慶成宮，作為皇帝耕耤禮成之後行慶賀禮，休息及犒賞從官的地方。此外并將具服殿南的觀耕臺由木植臺面改為绿黄琉璃磚制須彌座式的磚臺。由于經過這一系列的改建，使該壇在祭神農，耕耤田的内容大為增强，名實更加相符（圖二二）。

由于先農壇是多次改建更名而逐步形成的，因此其布局較為零亂，許多建築多獨立成區，没有形成主要軸綫，彼此聯係不强。但這座壇場在建築藝術上有許多特异的形制，依然值得注意。例如太歲殿一組建築體量十分雄偉，正殿七間，黑琉璃瓦緑剪邊歇山頂，面闊五十二米，進深二十四米，殿前三出陛，在古代可算是較大的殿堂了。其左右配殿各十一間，前面拜殿七間，故建築圍合的庭院亦十分巨大。這些説明古代帝王對星宿運行對比人間吉凶的禁忌傳説的迷信程度。又如收存神穀的神倉的面積不大，但地位特殊，其形制采用圓形攢尖頂，黑琉璃瓦緑剪邊屋瓦，四周外檐裝修為木板牆，牆上開設十二個圖案各异的鏤空花窗，以利通

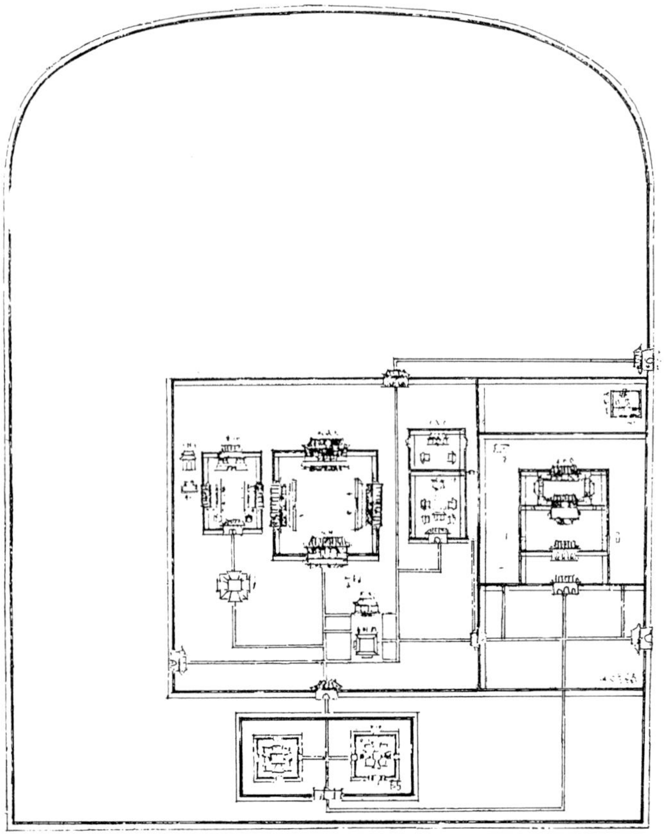

圖二三　《大清會典》先農壇、天神壇、地祇壇、太歲殿總圖

風，室內地面鋪設木地板，這座神倉可稱作一座造型特殊的建築。又如宰牲亭，是一座重檐的懸山式建築，其結頂的方式是國內古建築的孤例。皇帝站立觀看舉行耕耤禮的觀耕臺更是一座華麗的建築。這座高一·五米的禮臺，是由黃綠相間的琉璃面磚做成須彌座形式。東西南三面設漢白玉石臺階，各九級，每級的場面刻纏枝西番蓮花浮雕圖案，華美异常。所謂『一畝三分地』的耤田即在臺前，這塊橫長的耤田，除中央一塊為御田，由皇帝親耕之外，左右各劃出六條田畦，供三公、六部及大理寺、督察院、通政司官員從耕。當年壇場上五彩大棚籠罩，臺上設黃幄寶座，左右侍衛內大臣站列，臺下百官陪侍，皇帝扶犁執鞭親耕耤田，禮儀隆重威嚴。每年舉行這項大典，以表達帝王勸農重稼之意。

此外，先蠶壇及風、雲、雷神廟的體量較小，布局簡單，祭祀的等級低，因此對其建築不再贅述。

北京社稷壇

《通典》中說『人非土不立，非穀不生』。《白虎通義·社稷》篇稱：『封土立社，示有土也；稷，五穀之長，故立稷而祭之也。』故歷代帝王皆以供奉社稷代表對疆土子民的統治權利，也表明了以農立國的國家性質。從殷墟卜辭及詩經等書的記載中可知封土為社的土地崇拜和祭祀制度在夏商時期就已經形成了。至周代并把社祀等級化，這是西周封建土地等級所有制的反映。《禮記·祭法》中稱：『王為群姓立社，曰大社，王自為立社，曰王社；諸侯為百姓立社，曰國社，諸侯自為立社，曰侯社；大夫以下成群立社，曰置社』。故在封建社會除首都設置太社、太稷以外，地方府州、縣亦建立社稷壇。以氏族社會為基礎的周代已經對社稷祭祀與宗廟祭祀同等重視，并把這種祭典納入禮制範圍，規定了這兩種壇廟在都城中的位置。據《周禮·考工記》記載，『匠人營國，方九里，……左祖右社，面朝後市』。左祖右社之意義就是將宗廟與社稷壇布置在王城的東西側，緊靠王城。在中國古代歷史上，多數朝代的都城規劃都追求過這種『周禮』設想。如東漢及北魏洛陽、隋唐長安、宋汴梁、金中都、元大都、明南京、明清北京等皆遵循此制，將太廟、社稷壇安排在都城或宮城的左右兩側。

社神、稷神原為兩位神祇，歷史上曾分設兩壇，而至明清時代，兩壇合一，簡稱社稷壇。北京社稷壇位于天安門西側，建于明永樂十八年（一四二〇年）。《周禮》中稱『社祭土，而主陰氣也，君向南，于北墉下，答陰之意也』。因此社稷壇的布局位置朝向北方，由北向南設祭。其布局略呈長方形，周設四門，牆外遍植松柏，牆內由北向南排列了戟門、拜殿與社稷壇。拜殿為祭日逢雨時，改在拜殿內舉行祭禮。社稷壇為一方形三層基臺，總高約一米。壇上鋪填由全國各地貢納來的五種顏色的土壤，按五行分色鋪設，即中黃、東青、南紅、西白、北黑，以表示『普天之下，莫非王土』之意，并象徵著金、木、水、火、土是萬物之本。這種五行、五方、五色的概念從周末漢初即已深入社會生活各方面，經常用這種方法代表著大地、整體及全方位的概念，所以社稷壇也處處表現出這種觀念。壇中央埋著一塊『社主石』，又稱『江山石』，表示帝王對土地的占有權，『江山永固』之意。壇四周的壝牆也按方位砌築不同顏色的琉璃磚瓦。社稷祭禮定于每年春秋仲月上戊日舉行。

社稷壇的建築設計十分簡單聖潔，象徵主義的氣氛濃厚。它從原始社會采用瘞埋牲物及以血灌祭之法表達對土地的自然崇拜，發展到封土築石為壇進行儀式化的崇拜。再進而立豎石、社樹、社木進行土地神化崇拜。隨著社稷之祭置于都城之內，其規制則更為建築化，并以形、色的社會觀念融入設計之中，使崇拜思想更具有理性的特點。

五岳廟

早在周代即有岳山崇拜活動，但歷代對各岳山的指定并不相同。隋唐以後始成定制，并且岳廟地點也大致固定下來。五岳廟皆在山下，猶存古代帝王遙祭山川，而不登其頂的古意。其中東岳廟、中岳廟、南岳廟皆在山南，廟的中軸綫遙對岳山主峰。而西岳廟在山北，故山門直對主峰。祇有北岳廟設在河北曲陽縣城內，距恒山百餘里，是為特例。

岳廟建築規制大部已成定制，皆有縱長的中軸綫，自南至北安排有遙參亭、欞星門、具有宮城城門制度的廟南垣正門、重門及牌坊、殿門五間、正殿七間或九間、寢殿、御書樓等。整座岳廟有城牆環繞，四角設角樓。岳廟整體皆有帝居宮殿氣派。

五岳廟中以岱廟，中岳廟保存較為完整。北岳廟建築古老，有重要歷史價值。

岱廟即東岳廟，為五岳廟之首。五岳的設置與古代帝王巡狩有關。據《尚書》記載，虞舜五年一巡狩，輪流至五岳山，祭祀山川，召見諸侯，以高山為據點，巡視各地侯國。

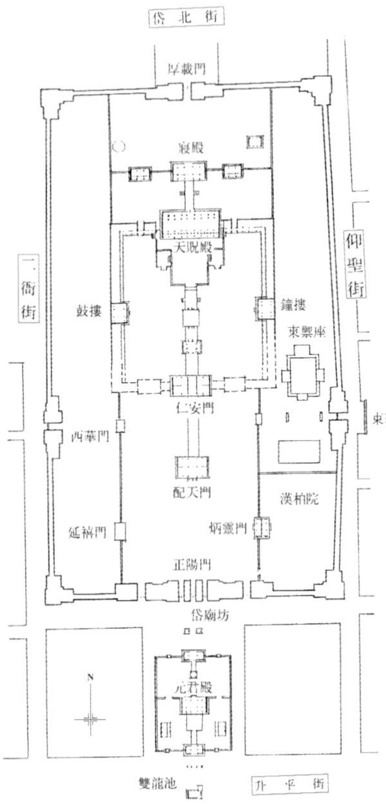

圖二三　山東泰安岱廟平面圖

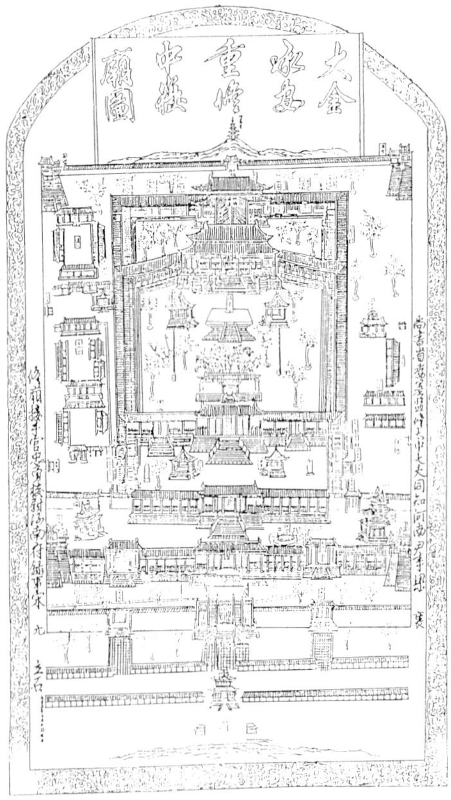

圖二四　《大金承安重修中岳廟圖》

五岳中最受重視的是東岳泰山。因為歷代帝王登基後都要封泰山，禪梁父，舉行封禪大典，以溝通人神交往，倡導『君權神授』的意念，所以泰山有著特殊的地位。

岱廟在山東泰安縣城西北，泰山南坡山脚下，此處也是古代帝王登封泰山的古御道的起點。岱廟中軸綫又直對泰山絶頂——岱頂，更增加了岱廟建築群的氣勢。岱廟經唐宋元明清歷代擴建改建，南北長四〇五米，東西寬二三六米，周圍護以城垣。南牆開三門，正門稱正陽門，此門雖經明代改建，但仍存宋代風格。東西北各一門。城垣四角各建角樓一座。正陽門內中軸綫上排列著兩門兩殿，即配天門、仁安門、天貺殿、寢殿。地形層層抬高，各殿庭之間廣種松柏，氣象森嚴（圖二三）。主殿天貺殿為九開間，黃琉璃瓦廡殿頂，是古代殿堂的最高等級形制。殿前有寬闊的月臺，月臺前有扶桑石、閣老池等小品建築，為增加廟宇軸綫層次感提供了豐富的空間環境。在岱廟正陽門之前，尚建有遥參亭一組建築，是古代帝王登泰山時，在此進行『草參』之地，遥參亭也可説是岱廟建築群的前奏。此外，岱廟廟區內尚有大量的碑刻及石幢、銅亭、古柏等歷史文物，代表著岱廟的古老歷史。從岱廟的布局中反映出五岳神祇的擬人化傾向。唐時加封東岳神為天齊王，宋大中祥符年間更加封之為天齊仁皇帝，故其規制亦類帝居，宮垣、正陽門、後載門、四隅角樓、九間廡殿頂大殿、黃琉璃瓦等衹有皇帝纔能使用的規制，亦出現在此廟的建築規劃設計中。

中岳廟位于河南登封縣嵩山之陽。嵩山早在先秦時就已加封為中岳，因其地處中州腹地，被認為是天下之中，受到歷代帝王的特別重視。漢武帝時設廟，至今在廟南尚遺存有建于東漢元初五年（一一八年）的太室石闕一對，估計為原漢代嵩高廟前的神道闕。以後廟址屢有改動，唐時纔遷回今日之廟址。金大定十六年（一一七六年）在宋代建築規制基礎上進行了大規模的維修，廟貌宏偉、莊嚴，廟內保存的《大金承安重修中岳廟圖》碑完全反映出當時的氣象（圖二四）。清代康熙、乾隆年間又曾大規模修建，奠定今日格局。若與宋金時代相比較，可明顯看出若干變化。如廟前遥參亭左右的廊房取消了，正門欞星門改為城樓式天中閣，廟周城牆及四角隅樓取消了，改為院牆，峻極殿及寢殿原為工字殿，至此時分列兩殿，單獨成院，且峻極殿擴大為九間，中軸綫上還增加了若干牌坊。經過這些改變，雖然院落布局的特色有所減弱，但明顯加强了軸綫序列的分量，層次變化更為豐富。

現存中岳廟的布局是以中軸展現為主。自南而北依次安排中華門、遥參亭、天中閣、配天作鎮坊、崇聖門、化三門、峻極門、嵩高峻極坊、拜臺、中岳大殿（峻極殿）、寢殿、御書樓，前後長達六百五十餘米。軸綫北上直達廟後的黃蓋峰，在峰頂上建三間四檐方亭，以為收煞。總體布局氣魄極大。廟內古柏名碑極多。此外廟前的漢代石翁仲，刀法古拙，是重要的石刻品。崇聖門內的宋代鐵人，鑄造于宋治平元年（一〇六四年），是原來神庫前火池原物，亦是藝術珍品。

北岳廟位于河北曲陽縣城內，是歷代帝王望祭北岳恒山之所。始建于北魏，降至清代，望祭改在山西渾源州舉行，此廟隨即衰落。現存北岳廟宋時重修，元至元七年（一二七〇年）又一度重修，廟內主殿德寧之殿即為元代遺物。

今廟區南北二四〇米，東西一四一米，是五岳廟中最小的一座。主要建築僅餘中軸一列，計有石坊、神門（已毀）、八角重檐御香亭、凌霄門、三山門、飛石殿（已毀），再北即主殿德寧殿。其後未設寢殿。從整體布局來看，没有唐宋以來各層院落，廊廡周迴，宮寢并設，角樓高聳的規制氣勢，可能是元初戰亂之際，無力大規模建造所致。

主殿德寧之殿為重檐廡殿琉璃瓦頂。殿身面闊七間，進深四間，周圍有廊步一周，即宋式所謂副階周匝之制，故其面闊顯為九間，是座巨大的建築。殿周及月臺有漢白玉石欄杆，望柱頭上的獅子雕刻十分生動。殿內繪有巨幅壁畫《天宮圖》，高八米，長十八米，人物形象逼真傳神，是珍貴的元代藝術品。此殿結構簡潔，檐柱僅用闌額、普柏枋，而無雀替，補間鋪作舒朗，僅用兩朵，屋頂梁架一部分仍用叉手加固，這些都是元代建築形制。屋頂曲綫較宋代陡峻，正脊兩端的吻獸背部輪廓方直，亦是元代建築風格。因此在壇

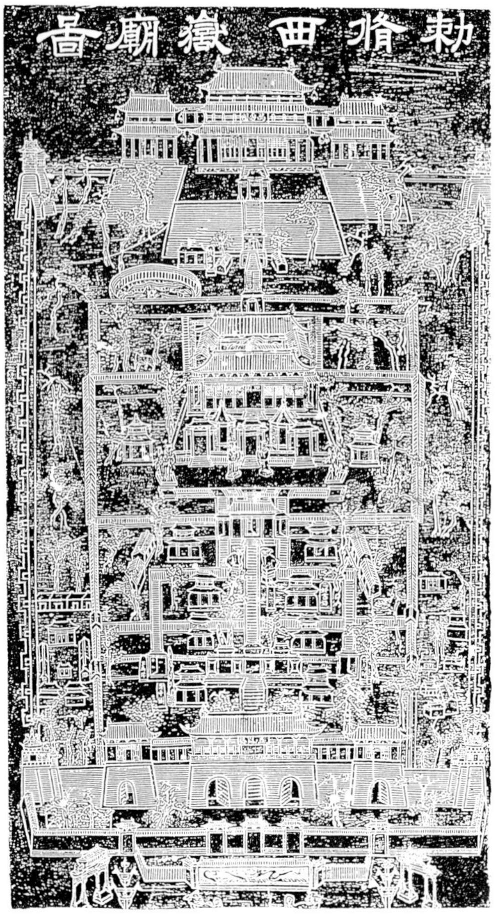

圖二五　清乾隆《勅修西岳廟圖》碑

廟建築中，北岳廟德寧殿是難得的歷史遺構。

南岳廟自隋代定于湖南衡山，并就地立祠後，歷代屢建屢毀，現存建築多為清代晚期建築。但其規模布局尚有宋代之原意。岳廟東西兩側尚分布著許多道觀及佛寺，使南岳廟成為儒、釋、道三教合一的宗教壇廟建築群。

西岳廟雖然歷史久遠，但目前圮毀過甚，僅餘少數建築（圖二五）。

五鎮廟

鎮廟制度起源于地方山神思想，按《周禮》規定，古代天下劃分為九州，每州選一高山作為本州鎮山，故有九鎮山。但隨著封建郡縣制的確立，從國家統一觀念出發，不便濫設鎮山，故按方向選定五座大山為鎮山。隋開皇十四年（五九四年）詔定為東鎮沂山（山東臨朐）、南鎮會稽山（浙江紹興）、北鎮醫巫閭山（遼寧北鎮）、中鎮霍山（山西霍縣）、西鎮吳山（陝西隴縣）。

鎮廟布局與岳廟類似，僅規模稍小，亦是按中軸綫布置遥參亭、牌坊、山門、二山門、御香亭（殿）、大殿、寢殿等，另附建有御碑亭、鐘鼓樓、宰牲所、神厨、神庫或行宮等建築。唐宋以來各鎮廟皆進行大規模修建，但因歷史變遷，多數鎮廟已傾圮，唯有北鎮廟保存尚稱完整，并且遺存有明代壇廟之舊制。

北鎮廟位于遼寧北鎮縣城西五里，始建于金代，但現存規制是明代永樂時期重新營建形成的。全廟南北長三〇〇米，按軸綫布置，前為五間六柱大石坊及外垣山門，再進為內垣之神馬門，左右配置鐘鼓樓。再北壇廟主體的五座大殿，即御香殿、大殿、更衣殿、中殿（內香殿）、後殿（寢殿）。五殿共建于一工字形臺基上，全部綠琉璃瓦頂。御香殿石臺座前尚有碑亭四座及歷代碑刻十數通。主體兩側有真官祠、城隍祠、神厨、神庫等附屬建築，內垣東西尚有行宮、觀音堂、花園等（圖二六）。北鎮廟具有十分宏偉的氣魄，這種空間藝術感覺的取得，除了依靠巨大的建築尺度，按天然地勢逐層遞升的分臺布局及集中設置的碑碣以外，其五座主殿采用統一的高大的工字形臺基亦是重要因素，這種處理在古代建築中也是罕見的。主殿內東西北三面牆壁上繪有明初三十二位文武功臣像，著色艷麗，勾勒流暢，畫風嚴謹，構圖自由，是優秀的明初壁畫作品。

南海神廟

詔定的四海神廟分布為東海萊州、南海廣州、西海蒲州、北海濟源。今東海廟、西海廟早已不存，北海廟附祭于河南濟源的濟瀆廟內，故僅有南海神廟保存完整，且是惟一瀕臨大海的神廟。

南海神廟位于今廣州市東廟頭村。始創于隋開皇十四年（五九四年），興盛期在唐宋，當時中外商船出海前皆到此廟進行祭拜，祈求航海平安。歷代帝王亦多派員來此廟致祭，立碑，至今仍留有石碑三十餘通。明代的對外貿易中心移至泉州、明州（寧波），珠江漲沙，河道變狹，因此神廟也曰漸衰落。現存建築大部分為清代建築，但規模尚存古代布局原意。

南海神廟共有四進院落。最先為『海不揚波』石坊，進而為三間頭門，再次三間儀門及兩側各六間的復廊，進入儀門為大殿（已毀），院落四周有迴廊圍繞，殿前有禮亭（拜殿），最後為後殿（寢殿）。廟前西南方尚有浴日亭，當年登此可望大海落日，構成羊城八景之一的『扶胥浴日』。

南海神廟的布局簡練，主次分明，具有多變的層次感，全體建築皆為粵江風格，很好地反映出地方建築藝術的面貌。尤其是其頭門采用中為闕道，分心設柱，左右次間地面抬高的手法，與周代禮制規定的宗廟大門的門堂制度十分相似，保留有更多的古代遺意。

濟瀆廟

《爾雅・釋水》：『江河淮濟為四瀆。四瀆者，發源注海者也。』對四瀆之神的祭祀始于漢宣帝，歷代仍之。至唐初確定了各瀆神廟設立之地，淮瀆于唐州（今河南桐柏）、江瀆于益州（今四川成都）、河瀆于同州（今山西永濟）、濟瀆于洛州（今河南濟源）。其中江瀆廟、河瀆廟早已不存。淮瀆廟僅餘少數建築。惟有濟瀆廟尚存一定規模。

濟瀆廟位于河南濟源縣城西北的清源鎮。現存殿宇六十餘間，有清源洞府門、清源門、淵德門、拜殿（遺

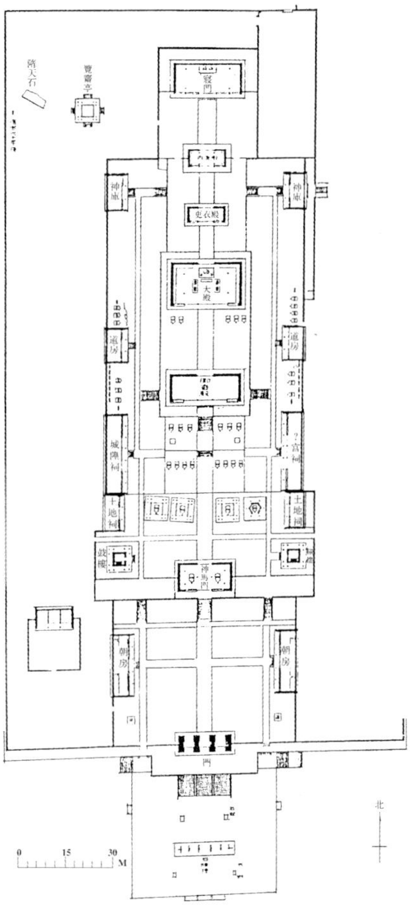

圖二六　遼寧北鎮　北鎮廟平面圖

址）、淵德殿（遺址）、寢宮等一系列建築（圖二七）。這些建築為宋元明清各時代的建築作品，可見歷史建築技術演進之變遷。其主殿淵德殿與寢殿為宋初建築，建于開寶元年（九七三年），兩殿間尚保有工字殿的形式，淵德殿兩側并配有左右挾屋，殿前應用東西兩階（不用中間踏步）等古制，整座宮寢建築四周以廊屋包圍，這些早期壇廟布局的形制在其他壇廟中已很少見。此外，在廟東有御香院，廟西有玉皇殿與長生閣等附屬建築。唐代以來，北海神的望祀典禮也附于此廟，北海神祠即建在濟瀆廟北半部。祠內建有臨淵門、過廳（已毀）、龍亭、龍池，池北為北海神殿。它的布置形式代表了海神廟的某些特色。

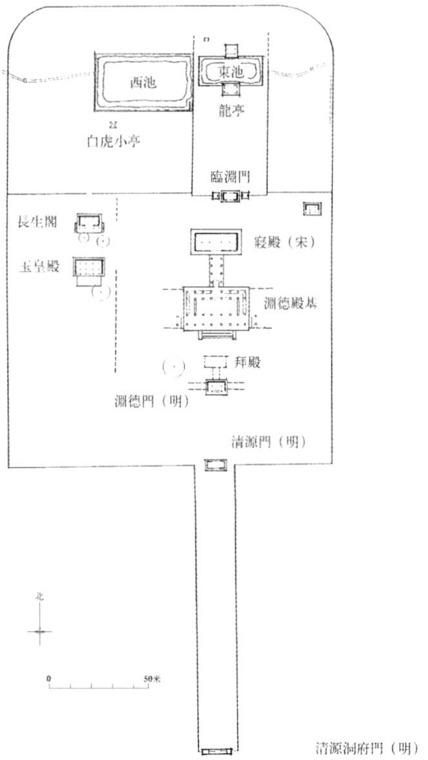

圖二七　河南濟源濟瀆廟平面圖

堂子

堂子是清代所特有的一種神廟，是供奉後金政權信仰的薩滿教天神的處所，主神是紐歡臺吉和武篤本貝子。每逢元旦、出征、凱旋等大事或月祭、浴佛祭時，由神巫邊舞邊歌，舉行特殊的儀式。這種儀式僅允許滿族人參加，漢族官民不得參與。

堂子內主要建築為坐北朝南的五開間祭神殿，南為八角形的拜天圓殿，與祭神殿相對而設，中為甬道。每年元旦皇帝行拜天禮即在甬道上設褥舉行。圓殿南立有主神竿座，主神竿座兩側各立六行六列皇子、王公、大臣的從祭神竿座。神竿座南依牆設木架七座，為暫時安設神竿處。每逢春秋致祭天神時，將主從神竿插于石座中，懸黃幡，繫彩繩，繩上綴五色繒及楮帛。拜天圓殿內設案陳糕餌，有司主持儀典，十分隆重（圖二八、二九）。此外在堂子的東南角尚建有上神殿一座，形狀同拜天圓殿。

堂子內建築物并不高大，但規制特殊。清朝建都北京後，于順治初年建堂子于長安左門外御河橋東，清末移至南河沿，現已拆除。

（二）宗廟及歷代帝王廟

歷史上的宗廟

古代氏族血緣社會十分重視對祖先的崇敬，形成一種『慎終追遠』、『敬天法祖』的觀念，這種觀念被後來的儒家納入了禮制的範疇，因此宗廟建築成為封建社會一種重要建

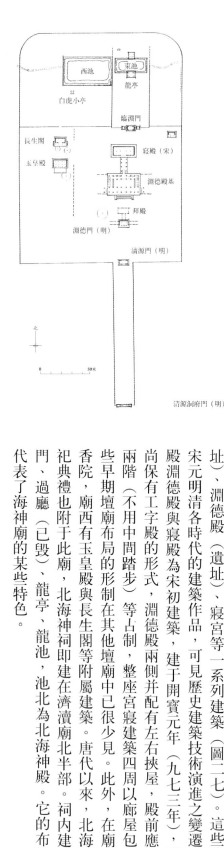

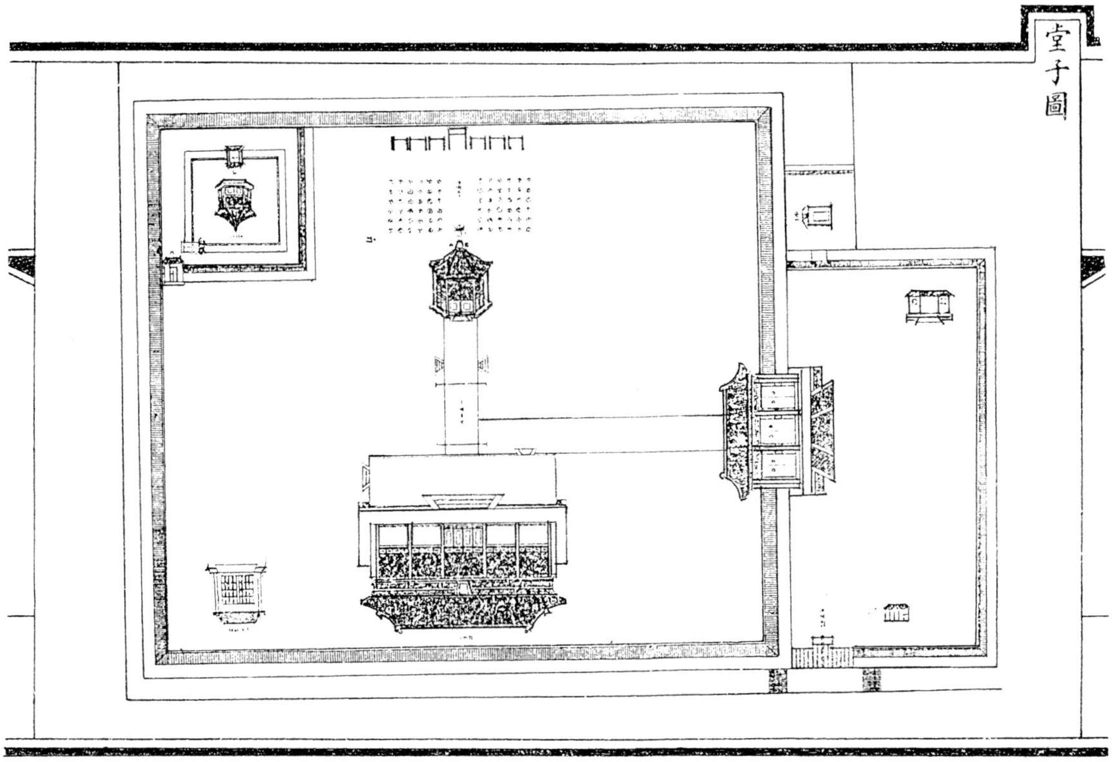

圖二八 《大清會典》堂子圖

築類型。《禮記·曲禮》中說，『君子將營宮室（建造房屋），宗廟為先，廄庫次之，居室為後』。表示了對宗廟的重視。古代宗廟是一廟一主，即一個祖先立一個宗廟，東漢以後改為一廟多室，每室供奉一主的形制，這樣便簡化并統一了宗廟的設置。至于廟中設幾室，各代規定不一，魏有四室，晉有七室，東晉有十四室。到唐代定為一廟九室，親盡則祧遷，另立祧廟安置遷出的神主，直到明清仍沿用此制。

傳統中國人的觀念認為靈魂不死，所以『事死如生』，因此宗廟的建築形式完全按照生前的住宅形制布置，即是『前堂後寢』的規式。前為居室，供祭祀禮拜，後為寢居，供養祖先神主。

早期宗廟建築絕大部分已損壞，無法得知其建築原貌。據考古發掘資料，僅有數例遺址可作參考。一處為一九七六年在陝西岐山縣鳳雛村發現的西周時期建築基址，這是一組四合院建築，在中軸綫上安排了影壁、門塾、大室、後寢四座建築，東西兩側有聯檐的廂房，將整座建築群包圍起來。形制規整，主次分明，說明周代建築已有良好的布局藝術水平。據專家分析，該組建築有堂寢之分，兩側有廂房，并在西廂發現埋藏占卜龜版的龜室，據此推斷為西周王室的宗廟建築。若此分析無誤的話，則此例為我們提供了歷史上早期（商末）宗廟的具體形制，并且此制沿用了幾千年。一九八〇年發掘的陝西鳳翔縣馬家莊春秋晚期秦國宗廟遺址則呈現出另一種狀況。這是一組呈品字形布置的三座類似的建築物，每座建築皆為五間，有東西兩階，東西亭，前堂後室，前檐為兩楹柱，與歷代儒家分析的宮室狀貌相似。在建築圍合的內庭中有一八一個祭祀坑，坑內分別埋有牛、羊、車、人等。這種一正兩廂的布局在山西侯馬呈王路春秋晚期晉國宗廟遺址亦曾出現過，可能是西周時期通行的一種形制。再有的實例是西安漢長安故城西郊的『禮制建築』遺址，此例可能為新莽時期的宗廟建築群，史稱為『王莽九廟』。該建築群內共有十一組建築，呈四三四狀排列。每一組建築用地為正方形，周圍有覆瓦牆垣圍合。縱橫兩條軸綫相貫，在正中心布置一

圖一一九　清代堂子内拜天圓殿

高大的正方形夯土臺，在臺上建有方形木構房屋。每面圍牆正中有門房，四角有隅房，完全是中心四方式布局。這種平面布局顯然與《漢書·郊祀志》中所描繪的漢武帝時泰山明堂相類似，亦與該建築群東側的漢平帝明堂遺址布局相同。說明宗廟建築形制在王莽時期有過新的嘗試，即試圖引進最古老的古代禮制建築『明堂』的形制。并且用秦漢以來盛行的土木混合構築的高臺建築技術，來形成雄偉高大的藝術體量，與傳統的宅院式宗廟形制完全不同。但這種形制僅出現在新朝，在以後的朝代宗廟仍沿用宅院式的形貌。

北京太廟

今日能夠看到的帝王祭祖的宗廟僅有北京太廟一處，其位置在天安門之東，是按照《周禮·考工記》中記述的『左祖右社』規定布置的。全廟用地呈南北長的矩形，有兩層圍牆。進南面第一層廟牆内有金水河一道，左右配置井亭、庫房。内層牆為太廟的主體，由南至北縱深配置了戟門、正殿、寢殿、祧廟四座建築，并配以兩側廡房（圖三〇、三一）。正寢殿與祧廟之間有牆相隔。戟門為儀禮需要的門屋，門内原來陳列鐵戟一二〇桿，以示威儀，故名戟門。正殿為皇帝祭祖行禮的地方。寢殿是供奉歷代帝后神位的處所。這種前殿後寢制度是古代宮室住宅的通用形制。後殿祧廟為供奉世代日久，親緣疏遠而從寢殿遷出的祖宗神主。

太廟建築設計構思是突出建築環境的莊嚴、肅穆與高貴，以展現對祖先的崇拜之情懷，雖然其布局仍為宮寢建築的原型，但經過若干精煉與提高的加工以後，顯露出其宗廟的特有風貌。首先它是嚴格的中軸對稱式的，所有建築都是成雙成對（包括井亭）均衡布置的；所有建築皆采用封建皇家建築的最高等級，如採用三層臺基，黃色琉璃瓦屋面，三座大殿及戟門皆為廡殿頂形式，并且使用了最大的九間面闊（乾隆時大殿改為十一間）的平面；正殿前預留了廣闊的殿庭與寬大的月臺，以備舉行儀式之用；太廟周圍全部種植了高齡的松柏樹，高大的殿堂浮現在綠海之中；太廟用色十分簡單，紅黃兩色主色，并在正殿内部用沉香木包裹梁柱，殿頂、天花、柱身貼赤金花，以杏黃色為底色，繪製旋子彩畫。這些都是為了加强祭悼氣氛而采用的裝飾措施。說明宗廟建築設計發展到明清時期已經形成很有藝術感染力的空間環境形態。明清太廟將祧廟布置在後部，形成一體，這樣就較好地解決了供養祖先神主歷代需要嬗遞更遷，同時又表現出一定聯係的親屬關係。

清代宗廟設置尚有另外形式，即于皇宮之内另立家廟——奉先殿。奉先殿在故宮景運門之東，分為前後兩殿，為堂寢之制，皆為九間廡殿式，中以行廊相接，與太廟同為一個

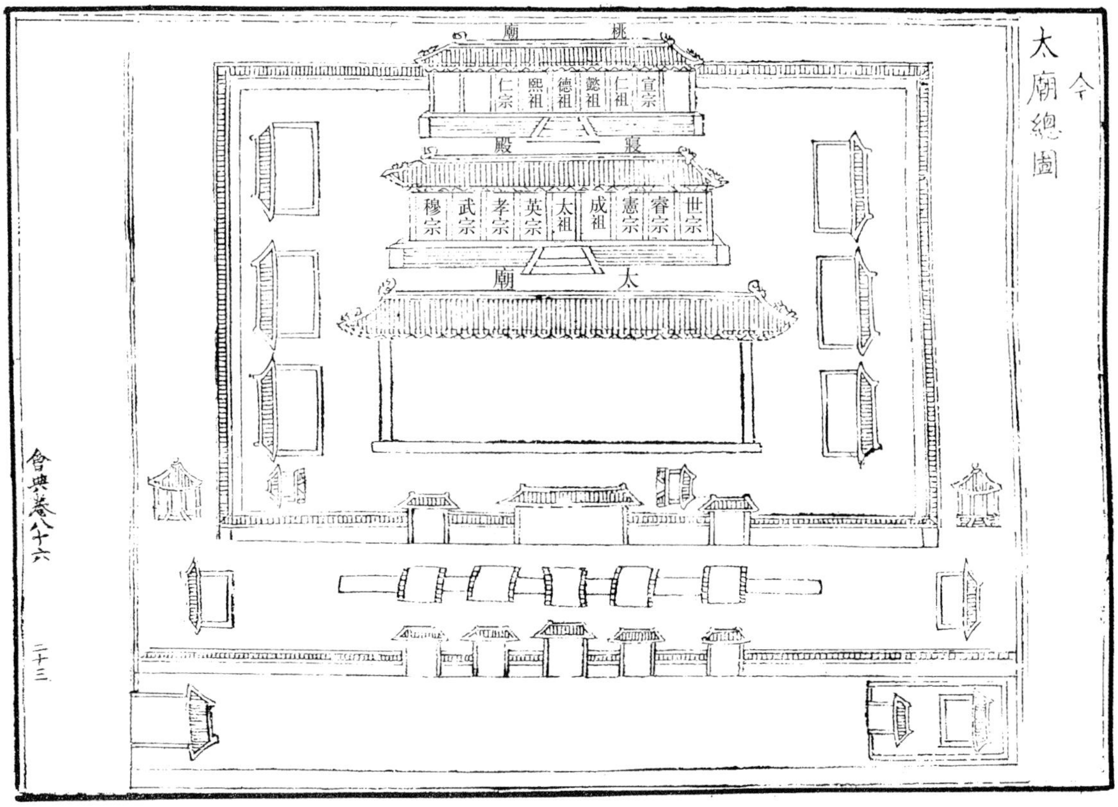

圖三〇 《大清會典》明代太廟總圖

等級。建于順治十四年（一六五七年），根據順治諭旨所述稱，『考往代典制，歲時致祭必于太廟，至于晨昏謁見，朔望薦新，節序告虔，聖誕忌辰行禮等事，皆另建有奉先殿』。可知奉先殿為宮中日常拜謁祖先之處，可免去往返太廟的路途及複雜的儀典。在奉先殿舉行的祭典除元旦、冬至、萬壽節三大節用大祀禮以外，其餘祭日均不贊禮，不作樂，行家人禮，有些次要節日則不必請神位于前殿，即于後殿供獻上享。可見奉先殿的建造是為了便于經常拜謁的需要。

清代帝王好園居，一年中有大半時間在西郊離宮或承德避暑山莊駐蹕，為了表示對祖宗的眷戀之情，又增設了一種展拜御容的儀式。自雍正至乾隆朝曾建有四處殿堂專設祖先影像，定時展拜，即景山的壽皇殿、圓明園的安佑宮、暢春園的恩佑寺、承德避暑山莊的永佑寺。元代帝王即有設影像供奉的習俗，但多附設在重要的寺廟中，不另設專門的廟堂，如在都城內的大聖壽萬安寺（今白塔寺）內即供有元世祖、仁宗、英宗的影像。清代將這種習俗發展成禮制建築。這種懸影的宗廟建築亦采用最高等級的建築形制。

北京歷代帝王廟

對于歷代有德聖主帝王的祭祀自唐代就已經開始。《大唐開元禮》中對各地的先代帝王廟規定為有司致祭的中祀級別。宋代仍依此制。明洪武六年（一三七三年）首創在都城欽天山建歷代帝王廟，致祭三皇五帝，下至元世祖，至此將分散各地祭奠先朝帝王的儀禮統一在一座廟中，由國家定時致祭。創建歷代帝王廟是明初的一項政治措施，表示對各朝代各民族的帝王在歷史發展中的貢獻的肯定，這種構想打破了封建社會相傳下來的血緣氏族觀念，帶有共建華族的設想，這與朱元璋在宗教政策上實行三教歸一的政策有异曲同工之妙，表明了明代帝國大一統的氣魄。嘉靖十年（一五三一年）又在北京興建歷代帝王廟，清代繼續奉

圖三一　北京太廟正殿

祀，增祀達一百餘位帝王。

北京歷代帝王廟的主殿稱景德崇聖殿，面闊九間，重檐廡殿黄琉璃瓦頂，高臺基，漢白玉石欄，前面三出陛，是北京現存較大的殿堂。左右有御碑亭，置雍正乾隆御製碑。殿前左右東西廡各七間。再前為景德崇聖門及廟門，門外有石橋及木柵、照壁。廟左右尚有別院，為神厨、神庫及關帝廟、遣官房等。歷代帝王廟僅有正殿，不同于一般祠廟的前殿、後寢制度。

除了北京歷代帝王廟以外，各地還保留不少歷代建造的帝王祠廟，其中較為著名的有：山西臨汾堯廟、浙江紹興禹廟、山西萬榮稷王廟、江蘇無錫泰伯廟、河南博愛湯帝殿、陝西黃陵黃帝廟等。

（二）文廟及武廟

在先哲名師中，由歷代帝王及儒學名家竭力推崇的兩位名人，即是孔丘與關羽，把他們作為文官武將的様板楷模，而紀念他們的祠廟又稱之為文廟與武廟。孔廟之設早在東晋時即在建康城内設『宣尼廟』。北魏太和十三年（四八九年）亦『立孔子廟于京師』。隋代時更將孔子祠廟推行至全國，各州縣皆立文廟，釋奠孔宣父。所以文廟的普及率遠較其他祠廟高得多，遺存至今的文廟數量仍極可觀。武廟的設立約起于宋代，當時將文武廟分置在汴梁城的中心大街—朱雀門大街龍津橋南的兩側，左右對峙，與舊城内御街東西兩側的太廟、社稷壇成為對稱性布局。明代將關羽加封為協天大帝，各地普建關帝廟，成為一種民間的保護神祇。現存衆多的文廟及武廟中，當以孔子家鄉的山東曲阜孔廟及關羽家鄉的山西運城解州鎮關帝廟最為宏壯。

曲阜孔廟

這是紀念中國偉大的思想家、教育家、儒家學派的創始人孔丘（公元前五五一年至前四七九年）的廟堂。它兼有名人祠堂、寢殿、聖迹、家廟等豐富的内容，在壇廟中是一項很特殊的實例。著名古建築學家梁思成曾説過：『以一處建築物，在二千年長久的期間，由私人三間的居室，成為國家修建，帝王瞻拜的三百餘間大廟宇，……姑不論現存的孔廟建築與最初的孔子廟有何關係，單就二千年來的歷史講，已是充滿了無窮的趣味』。

孔子是儒家創始人，被歷代帝王累次加封為『大成至聖文宣王』，并被譽為『集古聖

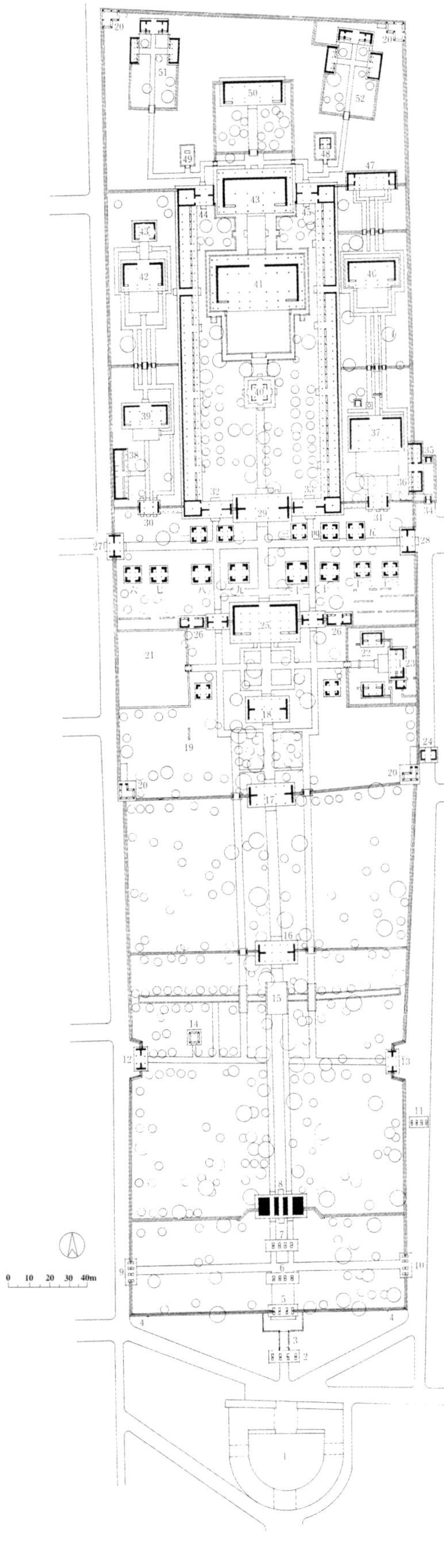

圖三二　山東曲阜孔廟平面圖

1.萬仞宮牆	2.金聲玉振坊	3.橋	4.下馬碑
5.欞星門	6.太和元氣坊	7.至聖廟坊	8.聖時門
9.道冠古今坊	10.德侔天地坊	11.闕里坊	12.仰高門
13.快覩門	14.新建漢石人亭	15.璧水橋	16.弘道門
17.大中門	18.同文門	19.弘治圖碑	20.角樓
21.明齋宿院舊址	22.齋宿所	23.駐蹕廳	24.鍾樓
25.奎文閣	26.執事房	27.觀德門	28.毓粹門
29.大成門	30.啓聖門	31.承聖門	32.玉振門
33.金聲門	34.孔子故宅門	35.故宅門碑亭	36.禮器庫
37.詩禮堂	38.樂器庫	39.金絲堂	40.杏壇
41.大成殿	42.啓聖殿	43.寢殿	44.右掖門
45.左掖門	46.崇聖祠	47.家廟	48.土地廟
49.燎所	50.聖跡殿	51.神厨	52.神庖

先賢之大成』，成為累世名賢的第一人。孔廟也是惟一具有皇家宮廷規格的祠廟。曲阜孔廟從後漢桓帝永興元年即由國家設官管理，南北朝、隋唐皆有修葺，宋初已成為『重門』、『層闕』、『迴廊復殿』、『重櫨疊栱』、『龍桷雲楣』的大建築群。宋元禧二年（一〇一八年）記載孔廟規模已達三一六間，金代又擴充為三六〇間。金代明代曾兩次焚毀，明弘治十七年（一五〇四年）發帑銀十五萬二千六百餘兩重建，重點是加設了許多門殿，同時將大成殿提高品級，改為重檐歇山頂。明嘉靖後又加建了不少牌坊。清雍正二年再遭雷火焚毀部分建築。雍正八年（一七三〇年）進行大規模的重修，至此規模依舊。廟內保持著金元以來數十座古建築，一九六一年定為全國重點文物保護單位。

孔廟位于曲阜城之中心。孔廟南門正對曲阜城南門，故孔廟將城區分隔為東西兩部分，這在縣城規劃中是少見的。形成原因是曲阜城的建設次序是先有廟，後建城。原縣治在孔廟之東十里，為更好地保護孔廟，明正德八年（一五一三年）乃移城就廟，形成今日格局。孔廟總平面呈長方形，東西一五〇米，南北長約六五〇米，占地約十公頃，南北排列著八進院落，中軸對稱，一氣貫通（圖三二）。前三進院落為前導部分，南門為欞星門，門前有金聲玉振石坊及石橋，二進為聖時門，三進為弘道門。通過三道門殿將空間劃分成大小不同的院落，院內遍植松柏，配以各類石牌坊及角門，形成莊嚴肅穆的序曲。三

圖三三　山東曲阜孔廟大成殿

進院落總長約二八〇米，以如此深長、葱鬱的植物環境作為入口引導在古代建築群中是少見的。大中門為第四進院落，主體建築是正北的奎文閣，該閣建于明弘治十七年（一五〇四年），兩層樓閣總高二四・七米，是孔廟的藏書樓。院內正南為同文門，門左為駐蹕，是歷代衍聖公拜謁聖殿時的齋戒之地；門右為齋宿，是歷代縣官謁廟時的齋戒之地。奎文閣後為第五進院，左右邊門為毓粹門、觀德門，兩門下對著曲阜城的東西大街。院內東西甬路兩側排列著金代至清代建造的碑亭十三座，很像一座碑亭展覽館。尤其是建于金明昌六年（一一九五年）的碑亭八與碑亭十一是十分重要的古建築實例。進入大成門即孔廟的主要建築區，包括大成殿、寢殿、聖迹殿三座主要殿宇，兩側為長達四十間的聯檐通脊的廊廡。大成殿為面闊九間，黃琉璃瓦的重檐歇山頂，坐在兩層漢白玉石高臺上（圖三三）。殿內供奉孔子塑像，兩側以四配、十二哲配享。大成殿前有寬廣的月臺，為行釋奠禮時，奉祀官員、奉祀生、樂舞生等站立之處，舉行大典時參加行禮人員多達千餘人，月臺，庭院全部充滿執事人員。大成殿前庭院中間有一座方形重檐歇山十字脊的亭子，稱為杏壇，此處原為古時孔子舊宅的教授堂舊址，具有很大的紀念意義，代表了孔子授學課徒的傳統精神。大成殿後的寢殿供奉孔子神位，其殿基與大成殿聯成工字形，是繼承了傳統的前殿後寢制度。最後為聖迹殿，殿內陳列描述孔子一生事迹的一二〇幅聖迹圖石刻畫。大成殿兩側尚有金絲堂、啓聖殿、詩禮堂、崇聖祠、家廟等建築。

曲阜孔廟建築不同于一般學宮的文廟，它是儒學帝王的祠廟，具有特殊的規制及手法，這表現在各方面。如廟群建築普遍用黃色琉璃瓦，主要殿區圍牆四角建立角樓，入口前安排了五道門屋（聖時門、弘道門、大中門、同文門、大成門），在封建社會這些都是帝居建築纔能使用的規制。又如釋奠禮時使用的樂舞為八佾（即用舞人八列八人，共六十四人）；大成門內可列戟，這些也都是王者所獨有的。這些建築規制很自然地造成孔廟的恢弘博大，位居極品的氣派。

其次，孔廟建築在創造環境與安排層次上是很成功的。孔廟建築空間環境十分簡潔，前三進院種植大片松柏，濃陰蔽天，青翠撲人，行至此間，雜念全消。後四進院落為一色黃琉璃瓦的對稱式的建築群，主次分明，形制規整，庭院寬敞，主殿雄偉，使人肅然起敬。這種青黃顏色的相襯，自然與規整布局的對比，造成孔廟特有的莊嚴肅穆的環境氣氛，表現出孔丘的偉大與永恒精神。同時在主軸綫上又安排了多層次空間序列，從金聲玉振坊到大成殿共經過三座牌坊、兩座橋、七座門、七進院落等多次分隔纔達到主體，沿途形成坊門、林陰、巨閣、亭群、廣庭等不同的空間環境，把游人的敬穆心情逐步推移到高潮。

再者，孔廟的建築裝飾亦十分具有特色，突出表現在文字裝飾點題與石刻藝術方面。在孔廟建築中坊、門類型特別多，各座坊門皆以經文或褒語命名，如『金聲玉振』、『太和元氣』、『德侔天地』、『道冠古今』、『至聖廟坊』及『聖時』、『仰高』、『快睹』、『弘道』、『同文』、『毓粹』、『觀德』等，這些文字雖非造型藝術，但通過文字提示，確實可以引發拜謁者產生象外之感受，這也是中國文字的特殊藝術功能。清代皇帝十分重視祭孔活動，親謁孔廟，手書匾額懸于大成殿內，康熙書『萬世師表』，雍正書『生民未有』，乾隆書『與天地參』，『時中立極』、『化城悠久』，嘉慶書『聖集大成』道光書：『聖時協中』，咸豐書『德齊幬載』，同治書『聖神天縱』，光緒書『斯文在茲』，由于這些褒語匾額的存在，而提高了大成殿的藝術身價。曲阜孔廟大量應用雲龍雲鳳雕刻石柱，是其裝飾的另一特色。在福建泉州、莆田一帶出產優質石材，建築上應用雕刻石柱較多，但中國北方用之甚少，孔廟堪稱特例。孔廟的大成殿、寢殿、大成門、崇聖祠、啓聖殿等殿宇皆用雕刻石柱。建築的明間或前檐用『剔地起突』的高浮雕刻法，適合遠觀欣賞；其他用八角形柱，『減地平鈒』刻法，即在柱面上以陰剔綫刻組成圖案，而圖案周圍淺淺斫去一層，約一毫米，形成光麻交替的效果，近觀并可見圖形，用工不多，極富裝飾意味。最有名的大成殿龍柱，刻成上下兩龍對翔，中有寶珠，繞以雲焰，柱脚刻假石山及蓮瓣，龍身翻轉騰躍，姿態矯捷，就像繞柱飛騰在雲層之上的蛟龍。龍身起突約十厘米左右，陽光照射下光影深邃，是一件很好的立雕。

由于孔子在人們心目中的重要地位，所以在其家鄉誕生地及重要弟子的誕生地也建有紀念祠宇。如山東曲阜尼山孔子廟、曲阜顏廟（顏回）、鄒縣孟廟（孟軻）、嘉祥曾廟（曾參）等亦是很著名的祠廟。南宋時宋室南遷，建炎二年（一一二九年）孔子四十八代衍聖公孔端友隨高宗南渡，後徙居浙江衢州，而建造了孔氏南宗孔廟，流傳至今。同時期端友之兄端躬亦在浙江磐安縣盤峰鄉另建了一處『孔氏家廟』。這些都是由曲阜孔廟衍生出來的紀念祠宇。

解州關帝廟

廟位于山西省運城市解州鎮，因相傳三國時蜀將關羽為解州常平村人，故建廟于此。關羽字雲長，漢末與劉備、張飛三人結義桃園，起兵爭天下，屢立戰功，平定荊益，建立蜀漢，與魏吴成鼎足三分之勢，後在荊州兵敗被殺。關羽一生以正直忠義和勇猛著稱，為歷代帝王所推崇，死後被追謚為『壯繆侯』，宋時封『武安王』，明代加封為『協天大帝』，清代勅封為『關聖帝君』。後來又經一部三國演義的渲染，關羽忠義故事幾乎家喻户曉，各地皆建有『關帝廟』以寄托人民的敬仰之情。

解州關帝廟建築面積達一八五〇〇平方米，是全國最大的關帝廟，始建于隋代，明嘉靖時毁于地震，清康熙四十一年（一七〇二年）再毁于火災，經十餘年修復，始成今日規模。關帝廟坐北朝南，分為前後兩部分，前部以端門、雉門、午門、御書樓、崇寧殿（正殿）構成多層次的中軸主體，兩側配以牌坊、鐘鼓樓、鐘亭、碑亭等附屬建築。後部為娘娘殿（已毁）及春秋樓和樓前的刀樓、印樓，這些建築以矮牆圍成一獨立小區，相當一般祠廟的後寢部分。前後兩部分建築的東西兩側以長達數十間的廊屋左右圍護，組成統一的建築群體（圖三四）。在廟區之南，隔街建有結義園一座，意味著劉關張桃園結義的典故。

關帝廟的布局融合了傳統建築中各類建築的特點。首先作為名人祠廟它具備了前堂後寢的制度，而且以大量的旌表型的牌坊裝飾强化其藝術空間，如鐘鼓樓兩側的『萬代瞻仰』

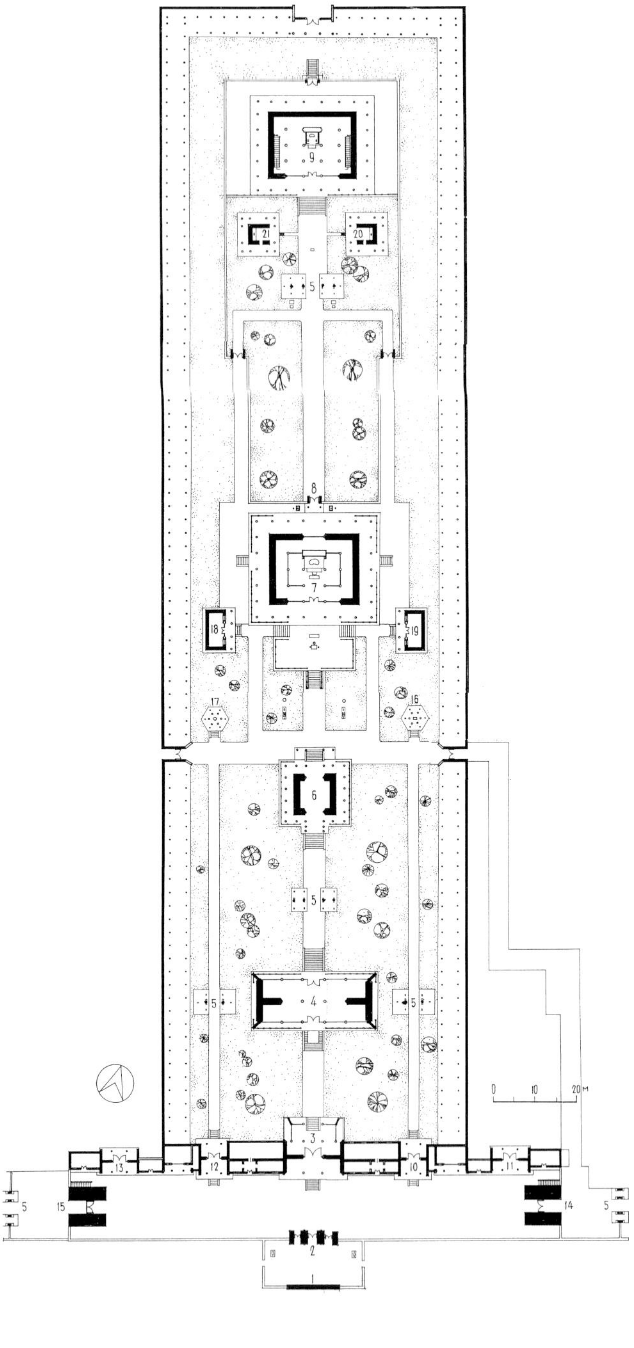

圖三四　山西運城解州鎮關帝廟平面圖

1.影壁　2.端門　3.雉門　4.午門
5.牌坊　6.御書樓　7.崇寧殿　8.宮門
9.春秋樓　10.文經樓　11.崇聖祠　12.武緯樓
13.胡公祠　14.鐘樓　15.鼓樓　16.碑亭
17.鐘亭　18.官庫　19.官廳　20.印樓
21.刀樓

圖三五　山西運城解州鎮關帝廟春秋樓

坊、『威鎮華夏』坊，午門兩側的『忠精貫日』坊、『大義參天』坊，御書樓前的『山海鍾靈』坊，春秋樓前的『氣貫千秋』坊等，這些都是突出它的祠廟特點。而且街南的結義園，以及已毀的東西花園，也是從宅園的意義上附麗于祠廟的一種手法。其次，在關羽封帝以後，其祠廟更具有了帝王宮殿的某些特色。如修長的廊院制度，前朝後宮的分列，前面的三座門殿連屬是從古代帝居三朝五門制度因襲下來的，甚至端門、雉門、午門名稱也是從古代帝王宮殿中引用的。對端門而建造的藍色琉璃龍壁，正殿用石刻龍柱，用琉璃瓦作屋面，甚至廟門的後門也叫作後載門，都模擬了皇宮的制度和名稱。此外，雉門前東西設鐘鼓樓是從佛教寺廟中借鑒來的；廟後設春秋樓，固然是引喻關羽喜讀左氏春秋的故事，但其布置方位顯然受儒家文廟建築布局中的尊經閣的影響（圖三五）。從解州關帝廟中可以發現建築藝術的發展不僅有縱向的古今傳統的繼承影響，同時也受橫向各類型建築間交流借鑒的啓發。

各地文廟

文廟的建造是隨著尊孔活動的升級而發展的。唐代以後，除京師孔廟以外，各府州縣學内皆立孔廟一所。宋代范仲淹任蘇州知府時，首先將府學與文廟合為一處，學宮為習文之所，文廟為演禮之處。宋慶曆四年（一〇四四年）詔示全國各地的廟學皆合為一體。至于廟學合一後，二者的布局關係有多種形式，按南宋《景定建康志》中所繪的宋代建康府（今南京）文廟的布局可看出，文廟由泮池、欞星門、儀門、大成殿等組成，位于中部，學宮、明德堂、議道堂、書閣等位于文廟之後方，生員讀書的六齋則處于文廟的東西，再有教授廳、射圃等位于西跨院，這是一種中廟外學的布局。蘇州博物館所保存的『平江圖』碑中所反映的蘇州文廟在府學之東，是左廟右學的布局，現存明清文廟縣學絕大部分為左廟右學制度，幾乎成為定制。

明清以前的文廟實例僅有數座。一為河北正定文廟正殿，約建于唐末宋初，其木構架十分簡潔雄大，不設補間斗栱及普柏枋，是中國古代木構建築史的重要實例。一為山西平遙文廟大成殿，建于金大定三年（一一六三年），為一座五開間的大殿堂。可惜的是這兩處文廟僅餘正殿，其原來的總體布局已經更改，無法探知宋金時代文廟布局原狀。北京孔廟亦是一座很重要的建築，元大德六年（一三〇二年）創建，明永樂九年（一四一一年）重建，但尚遺留有部分元代建築，如先師門（圖三六）。北京孔廟布局完整，建築宏大，規格較高，院内古柏成林，氣氛森然。尤其是廟内尚保留有元明清三代進士題名碑一九八

圖三六　北京孔廟先師門

塊，是研究科舉制度的重要文獻。此外廣東德慶學宮大成殿為元大德元年（一二九七年）的建築。雲南建水文廟建于元泰定二年（一三二五年），亦是重要的文物建築。

明清時期的文廟皆有基本形制布局，一般由欞星門、泮池、大成門、大成殿及殿前作祭孔時舞樂禮儀用的寬廣的月臺組成。此外尚可建造數量不同的各式牌坊，万仞宮牆、照壁、碑亭、儀門、鐘鼓樓、鄉賢祠等建築。各地文廟根据占地條件多有所增刪，各有特色。例如，四川富順文廟以石雕的三楣并列衝天牌坊取勝；雲南建水文廟以巨大的泮池及雕飾豐富的先師殿格扇門最有特點；蘇州文廟不但殿堂巨大，而且有許多著名的碑刻；四川資中文廟的塑雕大照壁，以及河南襄城文廟長達二十四米餘的琉璃影壁、山西聞喜文廟的五彩琉璃五龍影壁等皆是藝術精品。上海嘉定孔廟大成門前的三座牌坊圍成一廣場空間，成為整座建築群的序曲，是很成功的處理手法。南京夫子廟更以秦淮河為泮池，形成互融互補的密切關係，進而發展為群衆文化休息的集中地。此外，福建安溪文廟，貴州安順文廟的石雕、木雕、彩繪藝術都反映出古代匠師的精妙技藝。河南郟縣文廟大成殿前檐四根木質通雕盤龍雲氣紋的大柱是不同于各地文廟石雕龍柱的特殊手法。而天津文廟因為府縣皆設于此，故均有照壁、泮池、欞星門、大成門、大成殿，形成東西雙廟并峙的布局，在全國文廟中亦為特例（圖三七）。總之，在現有文廟建築中可資藉鑒的藝術創作實例甚多，是一份寶貴的歷史遺産。

（四）名賢祠廟

名賢祠廟建築藝術与自然天地山川神壇建築不同，與祭祖的太廟家祠也不同。自然神祇壇廟是宣揚上天的威嚴，通過突出鮮明的建築體態，象徵性的設計構思，以及雄偉的環境創設，達到人對虛幻的世外仙境的崇信，帶有浪漫色彩。宗廟、家祠是寄托對祖先創業的哀思感恩而設，建築上生活氣息濃厚，具有莊嚴肅穆氣氛。而名賢祠廟是發揚歷史名人的可貴精神与杰出貢獻以激勵後人，其建築具有更多的文化氣質与教化性。

先賢祠廟除文武廟為國定祭典外，大部分是由民間或地方設立的，受到廣大百姓的信仰與愛護。這些祠廟多設在先賢名士的家鄉和其主要建功立業之地，或者就是由先賢的故居發展而成。如四川眉山三蘇祠為宋代蘇洵、蘇軾、蘇轍父子三人的家鄉；四川成都武侯祠、揚州史可法祠為名臣報國的地域；福州林則徐祠為林氏原來的故居等。一般地講，先賢祠建築造型較簡樸，不拘一格，帶有民居風格，而且多在鄉隨俗，采用地方建築構造技

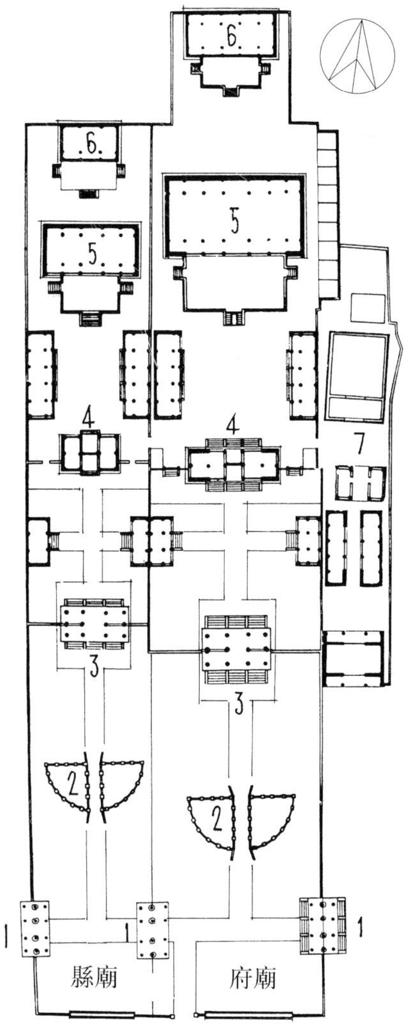

圖三七　天津文廟平面圖

1.牌樓　2.泮池　3.欞星門　4.大成門

5.大成殿　6.崇聖祠　7.明倫堂

術建造祠廟，外形特點十分鮮明，絕無雷同之感。

先賢祠廟的文化教育作用，除了建立書卷氣氛的建築環境外，為了表彰名士之偉業，充分利用中國傳統建築中的題額、聯對的手法，以大量的匾額、對聯、碑碣、書屏等文字題材裝飾建築，來記述及頌揚名人事迹。有些聯對的書法本身就是藝術品。如三蘇祠中對聯『一門父子三詞客，千古文章四大家』，成都武侯祠中的『前後出師表』的壁刻等，除了使游人欣賞到美妙的文筆之外，也對名賢的胸怀、氣質、功業產生敬意。同時為增强藝術感染力，在某些名賢祠廟中也塑製偶像，如合肥包公祠的塑像，形態剛毅、凝重，很好地表現出包拯的正直不阿品德。有些祠堂与墓地結合在一起，形成祠墓合一的布局方式，如杭州岳廟与岳墳相結合；揚州史公祠与史可法墓結合；韓城司馬遷祠与司馬遷墓結合等。這種祠墓合一的方式早在漢代即已實行，山東肥城孝堂山郭巨祠，以及嘉祥武氏祠都是這種布置。祠墓結合可以加深人民對先賢的追思，擴大祠廟的紀念價值。

先賢祠廟很多是由民間設立，由于群衆集會的需要，往往結合祠廟附近形成游覽性的園林，人們在憑吊之餘，尚可游憩其間。如紀念周代唐叔虞之母邑姜的山西太原晋祠、紀念宋代大文學家蘇洵父子的四川眉山三蘇祠（圖三八）、紀念唐代大文學家杜甫的成都杜甫草堂等。有些祠廟選址即在風景優美的風景游覽區，如宋代范仲淹祠設在蘇州天平山風景區、張飛廟設在四川雲陽縣城對江的風景區等。總之，先賢祠廟建築有別于神祇壇廟建築，在它的藝術面貌中表現出濃厚的地方性、教化性、游覽性，具有豐富的建築空間形式。

現存名賢祠廟數量甚多，僅舉數例說明。

晋祠

晋祠位于山西太原西南懸甕山東麓，周圍層巒疊嶂，水流環帶，風景十分優美。此地古為晋陽城界內，原為周成王弟叔虞的封地，稱為唐國。北魏時曾建有唐叔虞祠以為紀念。北齊又在附近大起樓觀，成為一處游覽勝地，概稱晋祠。北宋時期又在善利、難老兩泉之西建造聖母殿，以紀念叔虞的母親邑姜，并且演化成晋祠內的主體殿堂。

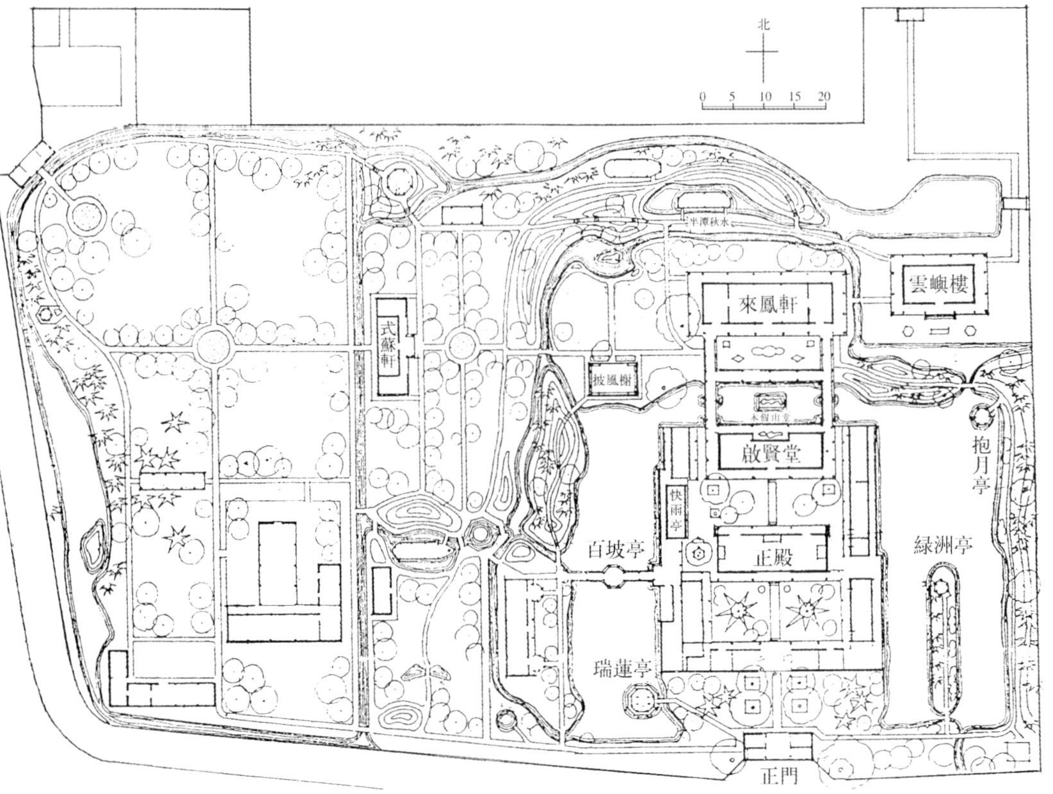

圖三八　四川眉山三蘇祠平面圖

晉祠布局比較自由，以聖母殿為中心，前面布置有魚沼飛梁、獻殿、對越坊、金人臺、鐵漢橋，形成自西向東的中軸綫以控制全局。大殿以北為苗裔堂、朝陽洞、三臺閣、靜怡院，院以東為叔虞祠、關帝廟、東岳廟等建築；大殿以南為水母樓、公輸子祠、勝瀛樓等建築。諸多建築中除聖母殿及獻殿以外，皆為明清時期的建築（圖三九）。

聖母殿建于北宋天聖年間（一〇二三年至一〇三一年）是寶貴的歷史建築實例。該殿面闊七間，進深六間，殿身五間，副階周匝，而且前廊進深為兩間，极為寬敞。該殿斗栱用材碩大，構架組織靈活，尤其是前檐以巨大的四椽栿將金柱托起，以承上檐，是十分特殊的做法，反映出宋代繼承了唐代工程做法，并進一步發展改進的歷史事實。此外下檐柱的木雕纏龍，下檐斗栱的假昂嘴都反映出宋代建築的時代特點（圖四〇）。尤其是殿内聖母像及四十二尊侍女像皆為宋代原作，表達各種姿態及裝扮，身姿有致，眉目傳神，表現出唐宋以來貴族宮廷生活的狀貌，是中國美術史中的重要實物。

聖母殿前宋代的魚沼飛梁是一座木構架的十字形橋梁，飛跨在殿前的魚沼之上，兼有交通及月臺之功效，造型古雅，是難得的古代橋梁形制。此外，建于金大定八年（一一六八年）的獻殿和北宋紹聖四年（一〇九七年）所鑄的金人，也都是重要的歷史文物。可以說晉祠作為祭祀建築來講，其歷史文化意義遠遠大過其祭拜意義。

司馬遷祠

又稱漢太史公祠。司馬遷（前一四五年至前九一年）是漢代著名的史學家、文學家和思想家，其所著的《史記》一直被列為重要的古代歷史文獻。司馬遷祠位于陝西韓城芝川鎮，現存建築為宋代建築。該祠選址极佳，位于高聳的龍亭原的半嶺上，東瞰黃河，一望無際，西枕梁山，巍峨高聳，北界芝水，

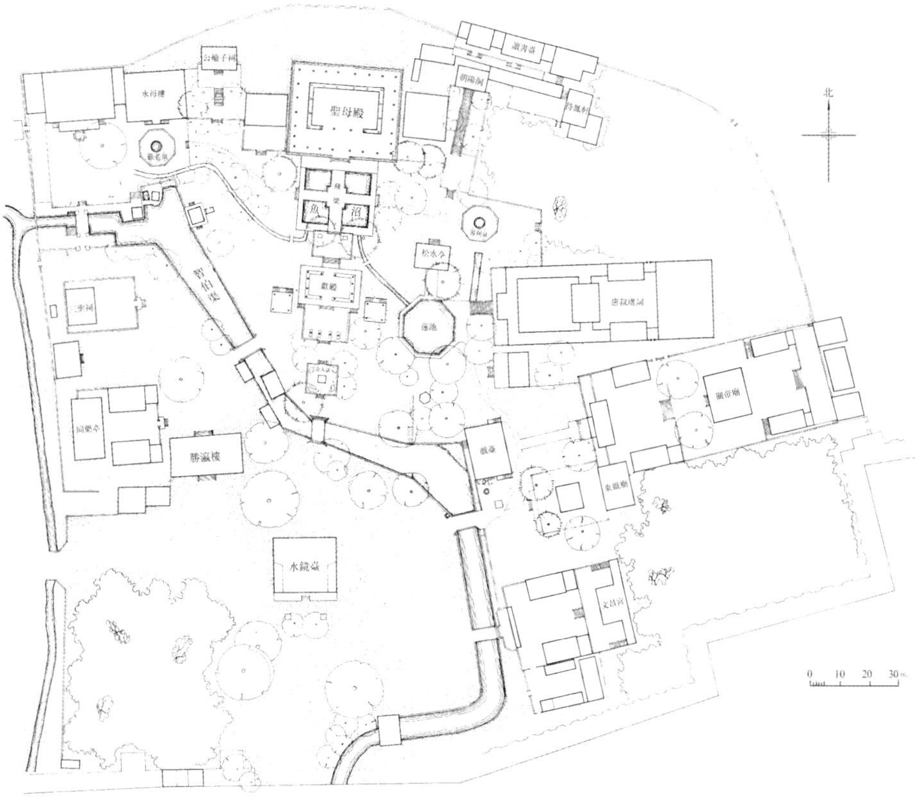

圖三九　山西太原晉祠總平面圖

南為深壑，這種孤懸高峻的地理環境更襯托出祠廟的威嚴氣概。該祠廟基本為綫形設計，自坡下拾級而上，分臺設物，計有木牌坊、磚牌坊、山門、廟門、獻殿、寢殿、塋冢，層層遞上。登臨臺頂，極目遠眺，黃河在望，胸襟為之豁然。該祠建築雖簡約，但構思却异常宏大。

杜甫草堂

唐代大詩人杜甫于乾元二年（七五九年）流寓成都，在浣花溪畔築茅屋而居，歷時四載。在此期間作詩二四〇首，名篇《茅屋為秋風所破歌》亦為此時所撰。後人在此建草堂以為紀念。建築布置有大廨、詩史堂、柴門、工部祠、水榭、碑亭等建築。為了表現詩人一生生活簡樸無華，這些建築全為地方形式的小式建築，小青瓦、懸山頂，親切宜人。同時祠宇內大量植樹，楠木成林，翠竹成片，梅叢花徑，水溪卧石，使祠廟表現出詩一般的意境。

二王廟

廟位于四川灌縣城西，都江堰東岸的玉壘山麓，是紀念秦代治理岷江水利的李冰父子而建的祠宇。該廟依山而建，依次布置有東西山門、樂樓、青龍白虎殿、觀瀾亭、靈官樓、戲樓、李冰殿、二郎殿、祖堂、聖母殿、鐵龍殿、老君殿等建築。因該廟用地陡峭，上下高差近五〇米，所以其軸綫數次折曲，延長軸綫長度，將高差慢慢消化在行進的道路中，并且采取了納陛、錯層、迴旋等手法，使得道路、踏步与建築結合得親密無間。由于這些處理使得建築景觀极為豐富，具有變化趣味，而不同于一般規整的祠廟面貌。該廟使用了左右山門，以便和岷江下的山路結合一致，在道路直角轉折處皆設對景照壁，以圍合景觀；戲樓与廟宇磴道結合設計，以及建築藝術上采用豐富細緻的細部處理，皆是很成功的創作。

圖四〇　山西太原晉祠聖母殿

天后宮

天后是指五代時福建莆田的一位漁家之女，名叫林默。傳說該女曾受仙人傳授密法，能博曉天象，驅邪濟世，飛行海上，平波息浪，救護船民，故受到歷代航運商賈、船民、水師官兵的敬重。自宋代以來，累世封贈尊號，稱天妃、天后、天上聖母或媽祖。在我國東南沿海一帶城鎮，廣泛建造天后宮（媽祖廟），尤以閩臺為甚。清代南糧北運供應京師，運河漕運發達，故沿運河城鎮也建有不少天后宮（又稱娘娘廟）。現存著名的實例有莆田湄州天后宮、天津天后宮、臺灣臺北雲林北港媽祖廟等。

（五）家祠

古代封建社會是以氏族為基礎的，從而發展成部族與民族，構成國家。一切社會財産的繼承，血統的繁衍與氏族興衰有著直接關係。因此對本族先人、祖宗的貢獻，子孫們賦予極大的尊敬，并作為偶像來崇拜，這就是家祠的來源。家祠又稱家廟或影堂，簡稱祠堂。

在禮制的約束下，對祠堂的營建具有嚴格的規定，其位置一般定于宅東，稱『左廟右寢』制。其規模形制也受官吏等級制約，按《周禮》規定，『天子至于士皆有廟，天子七，諸侯五，大夫三，士二』。其設置家廟數量各有差別，以表示『積厚者流澤廣，積薄者流澤狹也』（《史記·禮書》）。自東漢光武帝以後改為同堂异室，官庶皆立一廟，因此祠廟等級皆反映在廟室的多少上，從而决定了家廟的體量規格。明代曾依唐時舊制，定凡三品以上官員可做五間九架的家廟，三品以下官員則祇能做三間五架的家廟，故現存的祠堂大部分為三間廳堂，即是禮制影響。清代規定最為詳盡，據《大清通禮》記載，親王、郡王廟制為七間，中央五間為堂，左右兩間為夾室，堂内分五室，供養五世祖，左右夾室内供養祧遷的神主。東西廡各三間，南為中門及廟門，三出陛，丹壁綠瓦，門繪五色花草等。而貝勒貝子家廟則規定為五間，中三間為堂。一至三品官員家廟亦為五間，中三間為堂。四至七品官員家廟降為三間，一堂兩夾。八九品官員亦為三間，但明間闊，梢間狹。而一般庶士則『家祭于寢堂之北，為龕，以板別為四室』。至今我們在南方舊住宅的後堂上方尚可見不少設立祖龕的實例。假如後寢室是兩層樓的，祖龕則設在樓上。家祠上的各種規定充分反映了封建禮制的上下有別的等級關係。

現今遺留在廣大城鎮内的祠堂，大部分是以士族官宦為主體的族祠，在封建社會這種

圖四一　安徽歙縣呈坎鄉羅東舒祠寶綸閣彩畫

一個族姓的共同祠堂已經成為鞏固地主家族統治的一種權利象徵。因此族祠常以其龐大的規模、豪華的裝飾、精緻的雕刻、規整的布置來顯示祖先的偉業、族權的尊嚴、宗族的繁榮，使族人建立信心与驕傲感（圖四一）。同時，祠堂還兼有一定的法庭作用，對違反封建族規的族人，族長可以在祖宗牌位前以先祖的名義予以教育和處罰。所以祠堂建築空間也形成對廣大下層族人的一種威懾藝術力量。例如安徽歙縣一帶祠堂中，巨大的內金柱和五架大梁完全超過實際需要，碩大無比，就像西方神廟的巨柱一樣，形成威嚴的氣象。又如磚雕、木雕、石雕的裝飾藝術在祠堂中也有驚人的發揮，如閩南一帶、粵中一帶尤為繁麗，廣州的陳家祠堂可為代表（圖四二）。總之，與一般民間住宅相比，它在用料質量、加工程度、工藝技巧諸方面皆勝一籌，是一種高質量的民間建築。

族祠的祭祀儀式規模比較大，因此都設有寬廣的廳堂及庭院，以便全族人進行活動。祠堂雖然是祭祖的處所，同時又是宗族成員社會交往的場所，節日婚喪的聚會，酬神唱戲，族內議事等皆在祠堂中舉行；祠堂又是全村鎮居民的公共建築，在祠堂內往往加設戲臺及寬廣的廊廡，以備節日設桌飲宴，以及設凳觀劇。有的祠堂還附設義學、義倉，有着廣泛的公共活動內容。祠堂前往往還設有本族的恩賞、功名、節孝等牌坊，以增强祠堂的紀念意義（圖四三）。

南方閩、粵、贛三省交界處居住著一支特殊的氏族，稱為客家人，他們是由北方南遷的漢人，為了生產互助及防備外侵，他們仍然保持聚族而居的習俗，整族人共同居住在一幢三四層樓高的圓形或方形的大房子裏。在客家人中祠堂尤其重要，成為族人團結的象徵，它被安排在圓形或方形房屋的中心。在粵北固始一帶的客家人實行橫排式房屋聚居方式，他們的祠堂也安排在中部，把前、中、後三排房屋連在一起，說明祠堂在大家心目中的重要性。

祠堂雖然也是禮制壇廟建築的一部分，但由于它的使用功能的多樣性与地區的廣泛性，以及和民間建築藝術保持着深刻的聯係等原因，造成祠堂建築與官式壇廟建築藝術面貌有很大的不同。除了保持共有的封閉和威嚴的風格以外，又融入了許多活潑的、精巧的民間藝術風格，具有鮮明地方性。應該説祠堂的建築空間組織與造型、裝潢處理的藝術風格更為豐富多彩，流露出更多的民俗文化特點。

圖四二　廣東廣州陳家祠堂聚賢堂

（六）明堂與辟雍

明堂

明堂是歷代儒家十分推崇的一種禮制建築。據《禮記》記載『昔者，周公朝諸侯于明堂之位』；『太廟，天子明堂』；『祀乎明堂，所以教諸侯之孝也』，説明明堂具有天子頒明政教，會見諸侯，兼祀祖宗的功能，是一座行政兼祭祀的建築。也可以説是古代早期社會帝王擁有政權的象徵。從某種意義上説還具有壇廟建築的性質。可是有關明堂建築的具體制度又是儒生聚訟千載，莫衷一是，經反復考證而不得其解的大難題。就在這種思維混亂的情況下，歷代帝王建造了不同形式的明堂建築，一直延續到封建末期。明堂建築形制所以不能確認的原因主要基于社會的發展所引發的建築類型的變化。因為早期奴隸社會國家的中央建築，在後期的封建社會中已逐漸分化成宮殿、宗廟、壇廟等專門建築類型，明堂的實用功能已不存在，其名稱僅為後代儒家『尊古從周』的一種象徵而已。故歷代明堂形制也祇能在某些數據和形式上做文章，而古代文獻中所提供的數据形式的論述又十分模糊、殘缺，無法統一，纔造成這種屢經考證，但又各有所據的多論并存的局面。

最早記述明堂制度的文獻是成書于東周春秋時期的《考工記》，書中『匠人』一節中提到『周人明堂，度九尺之筵，東西九筵，南北七筵，堂崇一筵，五室，凡室二筵』。即是説周代明堂臺基東西長八十一尺，南北寬六十三尺，高九尺，臺上有五室，每室為一十八尺見方。成書于漢初的《大戴禮記》中亦有明堂的描述：『明堂者，古有之也，凡九室，一室而有四户，八牖，以茅蓋屋，上圓下方，九室十二堂，室四户，户二牖』。這段記載與《考工記》不同的是提出明堂由九室十二堂構成，上圓下方，茅草蓋頂。此外，儒家研究復原明堂建築時也參考《考工記》中與周明堂相類似的夏世室、殷重屋的形制描述。總的講古代人理解的周明堂是一座正方形十字軸綫對稱的單層或高層的廳堂建築，頂部有按中心四隅式建造的五室，或按九宮格式建造的九室。至于《考工記》或《禮記》中所説的周明堂規制是歷史的真實建築，還是儒家的理想方案，在無確切的文獻記載和考古發掘材料的條件下，已無法論證清楚了。

已知的歷代帝王明堂建設有如下各項：漢武帝元封二年在泰山建明堂；漢平帝在長安建明堂（一直沿用至王莽時代）；東漢光武帝在洛陽建明堂，以上皆為正方形的夯土基臺式的建築。西晋、東晋、南朝皆在宮城内建明堂，但皆為普通的矩形殿堂，没有遵循周代古制。北魏孝文帝在代京（今大同）建明堂，是仿的東漢明堂制度。唐武則天時代不聽儒

圖四三　安徽歙縣棠樾鄉鮑氏宗祠石坊群

士群言，自我作古，于垂拱四年（六八八年）在洛陽宮城内建歷史上最宏麗的明堂巨構。北宋徽宗在汴梁宮城内亦建明堂，這是一座近于方形的多重檐的大殿堂。而至南宋高宗在臨安宮城内建的明堂則是普通殿堂形式。

漢武帝所建的明堂是比較簡陋的，儒家在秦火之餘，典籍散失，史料缺乏，實在無法提出確切的明堂方案，僅憑濟南人公玉帶所呈奉的個人想像的黃帝時明堂圖建造。該方案僅為一大的方形重樓式茅亭，周圍環繞圓形水渠，明堂外建一周復道，入口在西南方，整體設計比較簡單。而在建築設計上比較有意味的是漢平帝明堂與武則天明堂。

漢平帝明堂即王莽明堂，近年已在漢長安故城南郊發掘出遺址，并經專家研究對其原來形制作出復原圖。這是一座十字軸綫對稱式的建築，最外一圈為圓形水渠，稱為辟雍。渠内為正方形牆垣，四正向設四門，四隅角設曲尺形角房。牆垣中心為一亞字形的夯土木架混合結構，中心為夯土牆心，四周為層層重疊的木構單層房屋。上層分建為五室，中層建造了四堂八房，下層為廊、梯及輔助房間。王莽明堂是一座帶有政治意味的建築，是為了粉飾他進行托古改制，篡奪漢室政權做政治宣傳的工具，是總結了歷年漢儒各種爭論意見以後的一種新設計。它突出了五室的分列，及正面四堂的布置，强調方圓的變幻與九五之數列，同時利用戰國以來的高臺榭建築技術成就，造就了宏偉對稱莊嚴的建築藝術布局形式。雖然王莽明堂是西漢末年的有關明堂的一種新創意，但它的嚴整形貌與象徵性數據一直成為歷代明堂創作与理論探索的基礎，影響甚大。

武則天明堂則是另一次建築藝術新創意。用武則天自己的話來説：『時既沿革，莫或相遵，自我作古，……式展敬誠。』即不再拘泥五室九室之爭，及各種繁瑣的象徵數字涵義，建成一座高聳的，『上堂為嚴配之所，下堂為布政之居』的三層大樓閣。『下層象四時，各隨方色；中層法十二辰，圓蓋，蓋上盤九龍捧之；上層法二十四氣，亦圓蓋。堂中有巨木十圍，上下貫通，栭、櫨、橕、梍藉以為本。』據記載，該明堂高達二九四唐尺，也可能記載有誤，但表明該建築確實在當時是一座極高大的建築（圖四四）。武則天洛陽明堂反映出繁榮的盛唐時代氣息，它那軸綫對稱的體形，井然有序的布局，渾然一體的面貌，表現出某種君臨一切，不可動摇的力量和權威，與君權神授的象徵性，其藝術魅力遠遠超過《周禮》中表現的五、九之室的古制形象。

此外，尚有兩次規模巨大的明堂建築方案討論。一次為隋文帝開皇十三年（五九三年），但因諸多儒生爭論不休而作罷。後來隋煬帝大業年間又擬建明堂，亦未實現。前後擬議籌劃中，中國古代最著名的建築師之一的宇文愷都曾參與其事，并隨進呈方案同時繪

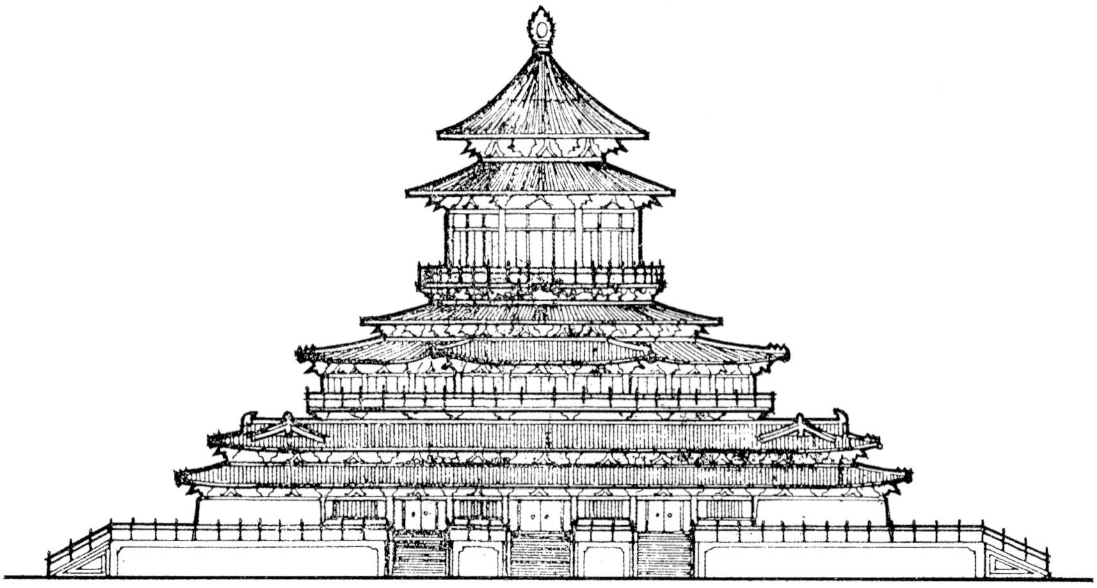

圖四四　唐武則天明堂復原圖（據王世仁先生方案）

製了圖紙，製作了模型。他的方案是『下為方堂，堂有五室；上為圓觀，觀有四門，重檐復廟，五房四達，丈尺規矩，皆有準憑』（《隋書·禮儀制》），基本是下方上圓的兩層大建築。

第二次是唐高宗總章二年（六六九年）。這次討論方案沒有完全拘泥于《周禮》敘述制度的束縛，而是采納了當時儒、道、陰陽、五行、八卦等各學派的理論，『以今解古』，綜合成了一個龐大的建築方案，集中表現了當時建築藝術與技術的最高成就。按描述的方案推測其形象是下部為直徑二八〇尺的八角形大臺基。臺基上為兩層的大建築，每層皆為重檐，下層方形，每面九開間，中央部分高出屋面，可從側天窗采光。上層為正方形，五開間，內部設八根擎天的堂心柱及四根輔柱，形成上部重檐屋面，屋面為上圓下方。其整體建築形制、梁枋等構件的數量及尺度皆符合《周禮》、《周易》、《河圖》、《禮記》、《漢書》等古籍中有關陰陽、五行、天象、節氣的敘述，具有极豐富的想像力，是古代象徵主義建築的一次全面探索。它對以後的壇廟建築造型有過深刻的影響，明代北京圜丘壇即明顯地接受了它的某些設計構思。

辟雍

清乾隆四八年（一七八三年），弘曆巡視京城國子監時曾發詔旨，認為『國學者，天子之學也，天子之學曰辟雍，諸侯之學曰泮宮』。（《清朝通典·卷五六·禮·嘉六》）但現在國學內并無辟雍建築，應補建一座。該建築于乾隆四八年完成，這是一座正方形五開間帶周廊的重檐攢尖式大亭閣。大亭坐落在一正圓形水池之中，四正面各設一橋。建築物為黃琉璃瓦，紅柱，莊嚴肅穆（圖四五）。辟与璧通，指圓形，雍為堤防止水之意，實際辟雍一詞是指明堂周圍環繞的圓形水渠而言，并沒有單獨的一座辟雍建築。後來輾轉傳訛，認為國學亦稱辟雍。時至封建末期，明堂之議早已寢息，乾隆提出建造辟雍完全出于政治目的，以建築藝術手段來宣傳他所倡導的禮樂盛事，表示他『行禮樂，宣德化，昭文明，流教澤』

圖四五　北京國子監辟雍

的善舉。辟雍工程完成以後，于乾隆五〇年二月在孔廟釋奠先師孔子禮成之後，親臨辟雍講學，史稱『臨雍』。以後嘉慶、道光皇帝也效仿乾隆來此臨雍講學。國子監辟雍也可以說是在禮制思想不斷變化的情況下，紛擾兩千餘年的明堂建築的最後一次反射，雖然它的形制離開周明堂的古制已經很遠了。

明堂雖非純粹的壇廟建築，但它是壇廟建築早期的源流之一，在歷代明堂的爭議、探索與創建過程中，不斷賦予壇廟形制以積極的影響，特別是它的十字軸心對稱布局與象徵主義的形數安排，更是神壇建築的主要應用形制，一直影響到清代壇廟。此外，明堂形制的變化也從一個側面反映不同朝代的政治面貌、文化氣質，以及建築技術水平的變化和人們審美觀、藝術觀的新趨向。所以明堂是與壇廟建築發展密切關聯的一項建築活動。

四、壇廟建築藝術分析

（一）壇廟建築是一種準宗教建築

任何事物都可看作是一個過程，即由思想到實施的過程。大致分析起來可由深層、中層、表層來組成。深層表現為對事物的觀念思維想法，中層表現為運作此事物的方法、制度、途徑，表層表現為具體的現象、形象、活動。依此分析中國壇廟建築亦是如此，其深層含義為原始崇拜觀念的繼續，崇拜自然、崇拜祖先、崇拜英雄，這種崇拜思想很自然地產生并流傳在廣大人民心目中，形成壇廟建築興造的思想基礎；其中層含義即是經儒家整理、規範的一套禮儀制度，包括選定崇拜對象，禮儀程序，禮拜時間，以及階級社會中所必不可少的等級規定等。而其表層即是建造起來的各類壇廟建築。

但這種規模龐大的思想崇拜活動為什么沒有發展成宗教活動，這恐怕是與國家的干預有很大關係。國家把這種崇拜禮制化，也就是法制化，缺乏思想深度的探索，在壇廟祭祀活動中，哲理貧乏，而倫理豐厚，除儒家學說以外形不成獨立的經典理論，更談不上派系爭論及發展教義了。由于國家包辦祭禮，所以不能形成獨立的僧團組織，無法推動信仰的發展工作，因此壇廟祭祀僅可算是一種準宗教的活動。假如把它與宗教活動相對比，可看出行政性及禮儀性是其最大特點。行政性要求有數量限定，要國家批准，不得隨意設置壇

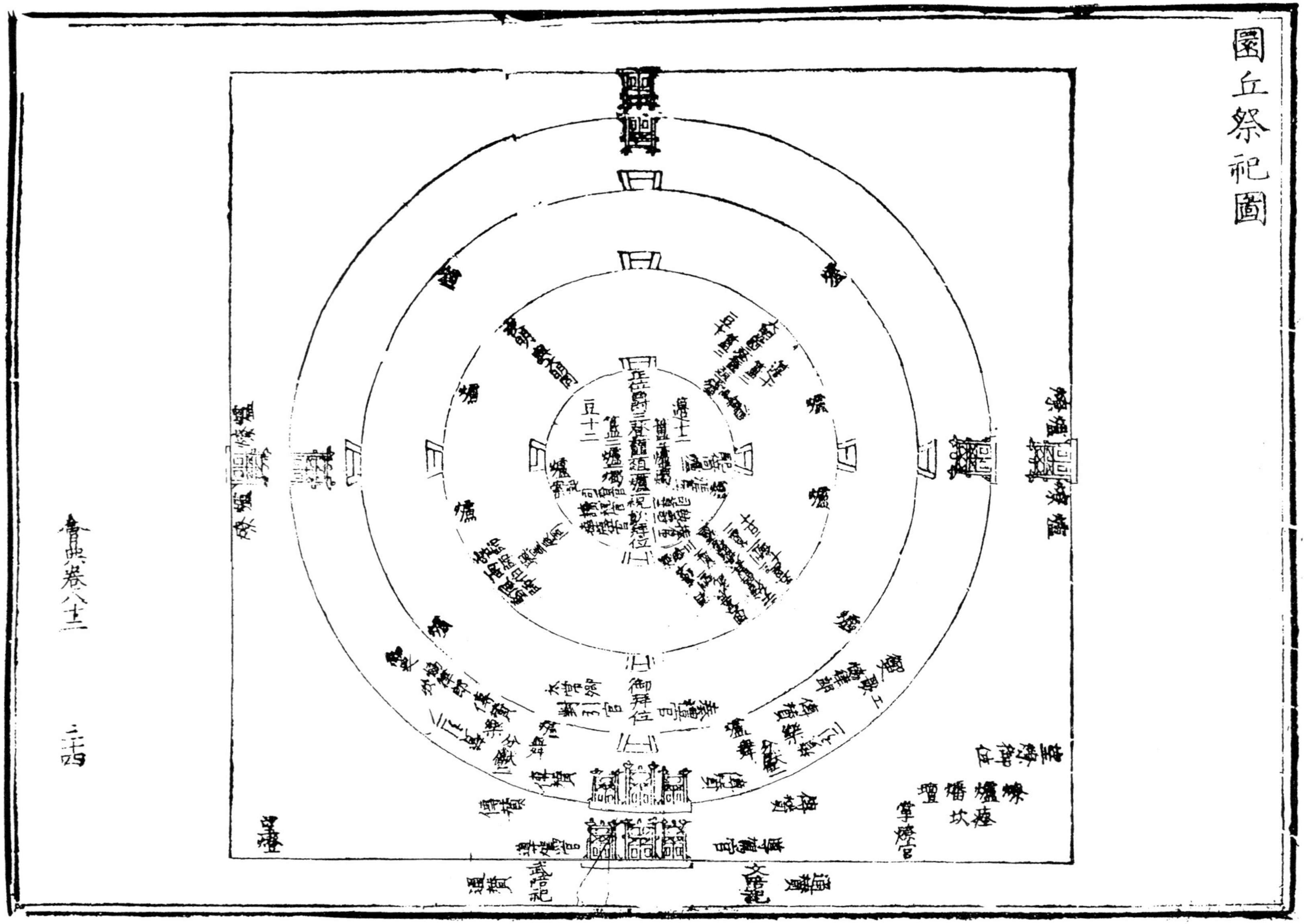

圖四六　《大清會典》圜丘祭祀圖

廟，日常活動由禮官或地方官員管理，除法定祭典不得任意舉行活動。禮儀性則要求有次序等級、標準規則，是天子主祭，還是官員代祭，祭品、舞樂、人數、儀仗、時間皆有定制，不得僭越（圖四六、四七）。這些都對壇廟建築藝術的發展有很大的影響。

（二）壇廟建築的發展是追求系列性、統一性的過程

人們對鬼神的最初崇拜是無序的、多元的，隨著統一的封建大帝國的建立，必須在思想信仰上建立一元化的崇拜體系，最後按儒家的『天地君親師』的系列包容了所有的鬼神崇拜，并且按人間秩序觀念突出了『天』在一切神祇中的至高無上的地位。在壇廟發展中可明顯地看出幾種趨向。首先是樹立『天』的惟一性。商周就建立了祭天的觀念，具體的地點和儀式史載不詳。秦代以方國崛起西陲，建四方上帝之時以祭。漢代又增為五帝，漢武帝時又增設太一神壇，因此造成對『天神』信仰的混亂，雖然以五帝為佐，抬高了太一神的地位，但總是六帝并存，直至漢末鄭玄仍鼓吹『天有六帝』之説。晉武帝受禪以後，纔明確地廢除五帝之説，認為『五帝即天也，五氣時异，故殊其號，雖各有五，其實一神……皆同稱昊天上帝』，簡化祭天地之儀為南郊、北郊。一直到封建末期仍本此制。這其間在唐初曾一度恢復了五郊壇制，唐中期受道教影響，建立了九宮貴神壇，宋初又建有太乙宮等，僅為一時之措施。在以後諸朝代，昊天上帝一直確立為天子親祭，統帥群神的至上天神。天神的獨尊也代表了帝王（天子）的獨尊地位。

其次，是將各類自然人文神祇壇廟向首都集中，烘托帝王君臨天下的權威。早期自然神祇壇廟多因地而設，分散全國。稍後為了祭典以及思想統治的需要，而逐漸移置首都。如早期祭報天地在泰山，稱之為封泰山，禪梁父，以後因寬舒之議而在黃河以東設汾陰后土祠以拜地祇。西漢末成帝時，匡衡奏言，認為祭拜天地到泰山及汾陰『咸失方位，違陰陽之宜』，應徙置長安近郊，祭天于南郊，祭地于北郊，這是天地之祭改在首都之始。後于西晋時又將日月之祭分置在首都東西郊，至于社稷之壇自然也應在中央政權所在地。殷周時代宗廟在維護宗族團結鞏固統治中有很大作用，故宗廟皆設在首都，秦制改在陵旁立廟，漢初亦仿秦制，直到王莽時纔大規模地在首都南郊設立九廟。東漢光武帝建武二年（二一六年）又明確宗廟与社稷壇的關係，即左祖右社布局制度。至于五岳、五鎮、四海、

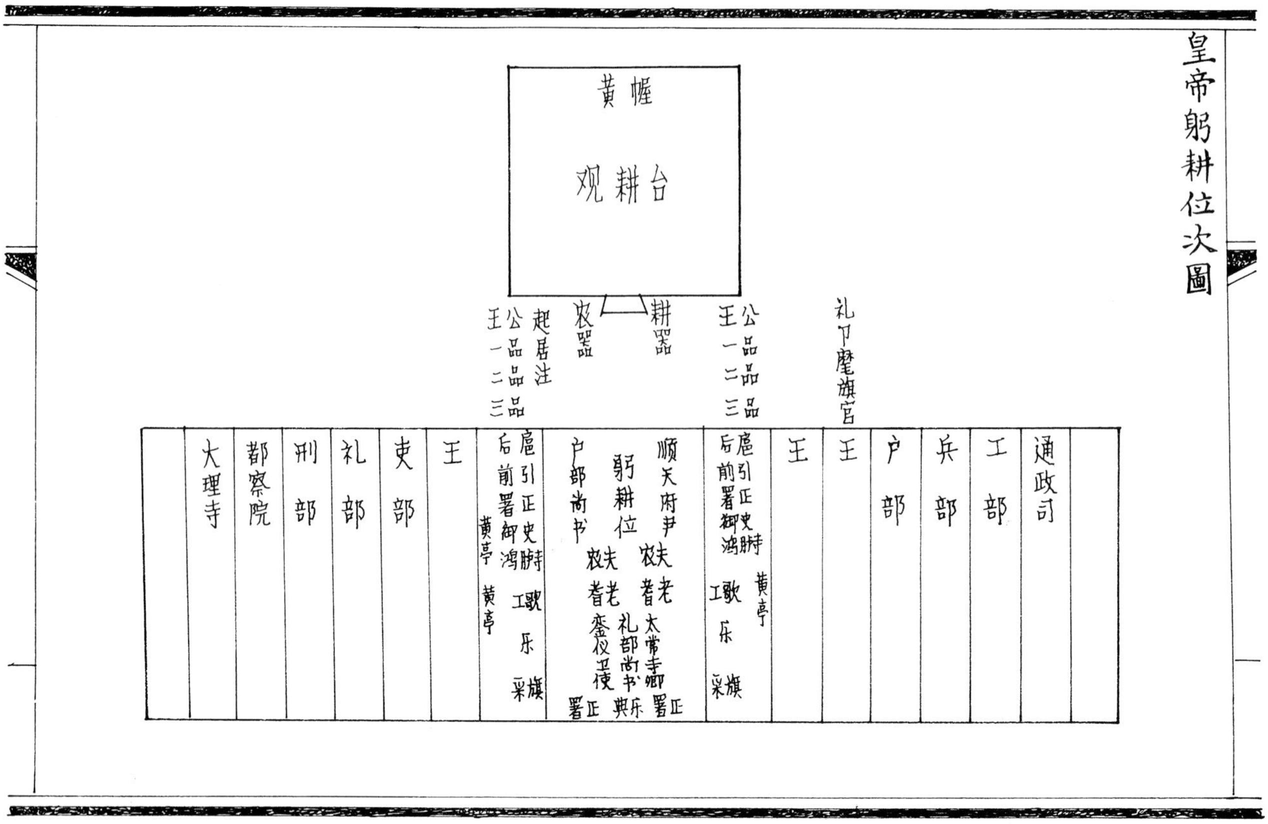

圖四七　《大清會典・禮十二》皇帝躬耕位次圖

四瀆等無法移置的壇廟，則采取在南北郊從祭制度，在圜丘及方丘壇附設建造小型壇臺。這樣就把天地山川、社稷、祖先之祭皆集中在首都，為今世帝王助力。

第三，即追求祭禮的合理規模。若從崇拜對象的角度而言，其内容可無限擴展，天地山川、帝王祖先、先賢、功臣、傳説人物、有靈動物、自然現象等，自然引發出的壇廟亦不可勝數，對國家來講將是一項沉重的負擔。例如，漢成帝時有神祠七百餘所，至王莽時神祠更形泛濫，『自天地六宗以下，至諸小鬼神，凡千七百所，用三牲鳥獸三千餘種。後不能備，乃以雞當鶩雁，犬當麋鹿』。祭用牲品達到供不應求，捉襟見肘的地步。至北魏時國家祭祀的壇廟達一〇七五所，一年之内所用的牲品達七五五〇〇頭。因此歷代帝王都要明經正典，限制或淘汰一部份雜祀淫祠。例如漢成帝時丞相匡衡建議廢掉數達百分之七十的淫祠。三國時的曹操、北魏孝文帝、唐代武則天時的名相狄仁杰等都大力裁汰多餘的神祠，以保証國家掌握的壇廟限定在合理規模之内。

第四，尋求恰當的祭祀儀式。這主要表現在分祭合祭、大祭小祭及同堂异室等的變化上。例如祭天禮原在泰山，但天子遠途封禪，勞師動衆，無法長期堅持。秦漢改祭六帝于六方，亦十分繁雜，故漢文帝時建五帝廟，合祭五帝神于一室，簡化了儀典。王莽時又創天地合祭之禮，并同時以祖先配享天地，把天地與帝王世系相聯係。至東漢光武帝時天地合祭之禮更為盛大，除天神、地神外，還有五帝神、日、月、北斗、五星、五岳、雷公、風伯、雨師、四海、四瀆、名山、大川共有一五一四位神祇配享，規模空前。合祭之制一直持續到明嘉靖年間纔改為天地分祭。古代對各神祭典規模分為大中小三等，歷朝皆有調整，以適應需要。宗廟建設方面在殷商時宗廟甚多，有先王、先妣的宗廟，有全族的宗廟等。周代時定為『天子七廟』，即有七座宗廟。漢時廟建于陵旁，基本上是一帝一廟，積累下來數目也不少。東漢光武帝時建高廟，將前漢十一帝神主置于殿內同祭，創同堂异室之制。唐代又創祧廟之制，『親盡則祧遷』，將較疏遠的祖先遷入祧廟，保證宗廟的經常規模，解決了祖先無限增多，而宗廟僅有一處的矛盾。

從以上各點可以看出，追求壇廟建築系列的完整、統一是千百年來發展變化的重要因素。

（二）壇廟建築的藝術特色

中國壇廟建築是非生活用建築，它是純粹以建築空間藝術形象為手段，使人們獲得視覺上的感受的營造活動。它的主要藝術目的不同于宗教寺廟的祈福和免灾，而是要『助人教，敦教化』，規范現實人間社會行為，宣傳儒家禮制思想，達到精神上的教育與制約作用。其核心思想是『育人教人』。從這點來說，中國壇廟可以說是世界建築史上最為特殊的一種思想性建築。

壇廟雖然是一種祭拜建築，但它又不同于宗教或陵寢建築，故其藝術布局與形制也有別于其他建築類型。它的藝術特色基本上是以突出教化內容為主題，在具體處理上又可分為抽象性教化及文學性教化兩類。

神祇壇廟，包括帝王、先聖祠廟都是以突出自然之偉大，帝聖之偉大，以及天人相接的思想為目的，往往以抽象化的手法表現之，在其建築布置上更注重空曠的自然環境、稀疏的建築密度與無反襯對比的建築尺度，使人們融于自然之內，以達到隔絶塵寰，天人合一的目的。在具體形制上習慣采用四方軸綫對稱，突出中心，消除差別的構圖。并采用大量的形、數、色的象徵手法，對建築的方位、構件數目、平面尺寸、建築顔色、建築序列安排等都賦予自然的或社會的含義，影射包容某種內容，加强壇廟建築藝術的聯想性与理性化。另外，禮制壇廟建築多不設偶像，僅以木主代表神明，不想把神明擬人化，給人們留有遐想的餘地，造成一種模糊神秘的氣氛。在建築形制上，殿堂較少，而門坊屏壁較多，形成衆多的層次。總之，神祇壇廟是抽象的建築藝術。由于壇廟具有祭拜特點，所以其建築藝術除了抽象特色以外，又從佛寺、宮殿、陵寢等類祭拜建築中吸取了不少藝術手法，如前殿後寢制度、高臺基及月臺、城牆式圍牆、角樓、櫺星門、各色琉璃瓦、殿庭左右設鐘鼓樓、殿後部設御書樓等，進一步充實了其感染力，并形成了特殊的建築藝術面貌。

而名人先賢祠廟皆為紀念有業績的歷史名人，并不具備神鬼的含義，人們紀念他是企圖發揚光大其歷史功勛，激勵後人，因此其建築藝術上的教化目的往往通過文學藝術的方式來表達。這類祠廟的選址更多注意建築的社會環境、山川風貌、生卒居地，竭力增加祠廟與人群的接觸關係，達到育人教人的目的。其形制多脱胎于民間居室制度，前堂後寢，視死如生，建築群呈縱軸展開之勢，注意對比關係，層次變化。建築裝飾多用聯匾、字畫、金石鎸刻，以文學環境點綴建築環境，增强建築環境的啓發性與誘導作用；先賢祠廟多用偶像，以增加形象感染作用，相對講，磚、木、石雕技藝應用的更多一些。可以説先賢祠廟是以文學藝術為重點的具象藝術，這也表明了與神鬼藝術的差别吧。

壇廟建築是由儒家的禮制思想引發的，所以它僅盛行于禮制思想植根甚厚的漢族地區（或接受漢文化最深的滿族地區），至于不同信仰的蒙、藏族及信仰伊斯蘭教的諸民族，則另有其本民族的神鬼信仰及相應的祭祀建築。如維吾爾族的名賢祠、回族的拱北、白族的本主廟等，這裏無法列舉了。

（四）壇廟建築的轉化

壇廟建築是中國封建社會的產物，它的發展脈絡是由自然崇拜擴展到祖先崇拜，即神鬼崇拜，進而帝王崇拜，推而廣之為英雄崇拜，即人文方面的崇拜，儒家把它們歸納為『天地君親師』五方面內容。封建末期資本主義經濟因素開始萌芽，在壇廟內容上已有所變化，增加生產行業方面的保護神，如沿海各地海運漕運船工信奉的天后宮、媽祖廟，閩南地區信奉的開漳聖王（陳元光）地方保護神，以及在各地商人們興造的各類會館中皆有本地的保護神祇。如紀念孔子、關公的文祖殿、武聖廟，以及主持文運的魁星閣，錢莊業供財神，藥業供農神、繅絲業供縲祖等。這些神祇大部分是人文方面的先賢或英雄，而不是自然鬼神。

隨著清王朝的覆滅，天地自然神祇被科學所擊敗，君主被民主所替代，因此壇廟建築已走向消亡。民國初年，袁世凱稱帝，再一次在天壇舉行祭天大典，這祇不過是封建社會的最後一次回光返照而矣。隨著工商經濟的進展，封閉的莊園經濟解體，原來用以維繫家族血緣關係的祠堂建築在民國時期已大為減少，而紀念英雄的紀念堂碑興建了不少。如廣州中山堂、北京中山公園中山紀念堂、廣東中山翠亨村中山故居、胡南衡山忠烈祠、四川成都辛亥保路紀念碑等。

可以説祭拜建築已經從天地君親的桎梏中解脱出來，以樸素的感情，真正悼念那些有功社會，有益人民，堪為師表的一代楷模人物。這些建築的學習紀念性大大超過了祈福崇拜性。同時這種紀念活動不僅著重于個人，而更著眼于集體及事件，在建築設置上不僅注重新建紀念物的質量，而且更注意保存歷史環境，以期給人們以歷史追溯的思緒，加深紀念性。總之，壇廟建築已經走完了它自己的路，而轉化為紀念性建築了。

〔附錄〕 現存著名壇廟建築名錄

名稱	地點	建造年代
一 自然神祇壇廟		
天壇	北京	明嘉靖九年（一五三〇年）
地壇	北京	明嘉靖九年（一五三〇年）
日壇	北京	明嘉靖九年（一五三〇年）
月壇	北京	明嘉靖九年（一五三〇年）
宣仁廟（風神廟）	北京	明嘉靖九年（一五三〇年）
凝和廟（雲師廟）	北京	明嘉靖九年（一五三〇年）
昭顯廟（雷師廟）	北京	明嘉靖九年（一五三〇年）
社稷壇	北京	明永樂十九年（一四二一年）
先農壇	北京	明嘉靖九年（一五三〇年）
太歲殿	北京	明嘉靖十一年（一五三二年）
先蠶壇	北京	清乾隆元年（一七三六年）
岱廟（東岳廟）	山東泰安	明以降
中岳廟	河南登封	明清
北岳廟	河北曲陽	元至元七年（一二七〇年）
西岳廟	陝西華陰	明成化以降
南岳廟	湖南衡山	清光緒八年（一八八二年）
北鎮廟	遼寧北鎮	明清
南海神廟	廣東廣州	明清
濟瀆廟	河南濟源	宋開）元年（九七三年）
淮瀆廟	河南桐柏	清
都城隍廟	北京	清同治年間
后土祠	山西介休	明清
祆神樓	山西介休	明萬曆（一五七三年至一六二〇年）
聖母廟（后土廟）	山西汾陰	明嘉靖二八年（一五四九年）

坤柔聖母廟	山西吉縣	元延祐七年（一三二〇年）
水神廟	山西洪洞	元延祐六年（一三一九年）
池神廟（鹽池神）	山西運城	明嘉靖十四年（一五三五年）
廣仁王廟（五龍廟）	山西芮城	唐大和五年（八三一年）
汾陰后土祠（秋風樓）	山西万榮	清
上帝廟	遼寧蓋縣	明洪武十五年
城隍廟	江蘇蘇州	明
海神廟	浙江海寧	清光緒十一年（一八八五年）
佛山祖廟（北帝廟）	廣東佛山	明清
城隍廟	陝西三原	明洪武八年（一三七五年）
岱祠樓	陝西大荔	明
黑龍潭龍神廟	北京	清
北京東岳廟	北京	清康熙三七年（一六九八年）
蒲縣東岳廟	山西蒲縣	元延祐五年（一三一八年）
万榮東岳廟（飛雲樓）	山西万榮	明正德年間（一五〇六年至一五二一年）
新鄉東岳廟	河南新鄉	清
西安東岳廟	陝西西安	清光緒二一年（一八九五年）

二　宗廟及歷代帝王廟

太廟	北京	清順治六年（一六四九年）
紫禁城奉先殿	北京	清康熙十八年（一六七九年）
紫禁城齋宮	北京	清雍正九年（一七三一年）
景山壽皇殿	北京	清乾隆十四年（一七四九年）
歷代帝王廟	北京	明嘉靖九年（一五三〇年）
湯王廟	山西沁水	宋
堯廟	山西臨汾	清
稷益廟	山西新絳	明弘治十五年（一五〇二年）
稷王廟	山西万榮	元至元八年（一二七一年）
泰伯廟	江蘇无錫	明弘治十三年（一五〇〇年）

錢王祠（吳越錢氏諸王）	浙江杭州	一九二五年
大舜廟	浙江紹興	清咸豐（一八五一年至一八六一年）
禹廟	浙江紹興	清
禹王宮	安徽懷遠	清
禹王廟	陝西韓城	元元統三年（一三三五年）
舜廟	湖南寧遠	清
神農祠	陝西寶雞	清
黃帝廟	陝西黃陵	明清
蒼頡廟	陝西白水	明清
伏羲廟	甘肅天水	明弘治三年（一四九〇年）
湯帝殿	河南博愛	元
媧皇宮	河北涉縣	清

三　文廟及武廟

曲阜孔廟	山東曲阜	金元明清
顏廟	山東曲阜	元泰定三年（一三二六年）
孟廟	山東鄒縣	明
曾廟	山東嘉祥	明弘治十八年（一五〇五年）
尼山孔子廟	山東曲阜	元至元四年（一三三八年）
南宗孔廟	浙江衢縣	明正德十五年（一五二〇年）
北京孔廟	北京	元大德六年（一三〇二年）
國子監	北京	明嘉靖七年（一五二八年）
辟雍	北京	清乾隆四九年（一七八四年）
天津文廟	天津	清雍正年間
太原府文廟	山西太原	清光緒七年（一八八一年）
平遙文廟	山西平遙	金大定三年（一一六三年）
聞喜文廟	山西聞喜	明弘治四年（一四九一年）
哈爾濱文廟	黑龍江哈爾濱	一九二六年
嘉定文廟	上海嘉定	明

夫子廟（縣學文廟）	江蘇南京	清同治八年（一八六九年）
朝天宮（府學文廟）	江蘇南京	清同治四年（一八六五年）
蘇州府文廟	江蘇蘇州	明宣德八年（一四三三年）
安溪文廟	福建安溪	清
萍鄉文廟	江西萍鄉	清順治十年（一六五三年）
豐城文廟	江西豐城	南宋紹興十三年（一一四三年）
樂陵文廟	山東樂陵	明洪武二年（一三六九年）
襄城文廟	河南襄城	明萬曆十三年（一五八五年）
郏縣文廟	河南郏縣	清
内鄉文廟	河南内鄉	明洪武初年
岳陽文廟	湖南岳陽	明清
零陵文廟	湖南零陵	清乾隆四〇年（一七七五年）
寧遠文廟	湖南寧遠	清同治十二年（一八七三年）
海豐紅宮（孔廟）	廣東海豐	清
揭陽學宮	廣東揭陽	清光緒二年（一八七六年）
德慶學宮	廣東德慶	元大德元年（一二九七年）
番禺學宮	廣東廣州	清乾隆十二年（一七四七年）
恭城孔廟	廣西恭城	清道光二十三年（一八四三年）
資中文廟	四川資中	清道光九年（一八二九年）
富順文廟	四川富順	清
廣漢文廟	四川廣漢	清
安順文廟	貴州安順	清康熙七年（一六六八年）
建水文廟	雲南建水	元泰定二年（一三二五年）
西安府文廟	陝西西安	明正統年間（一四三六年至一四四九年）
興平文廟	陝西興平	明
韓城文廟	陝西韓城	明洪武四年（一三七一年）
武威文廟	甘肅武威	明正統二年（一四三七年）
臺南孔廟	臺灣臺南	清康熙二二年（一六八三年）一九四八年復建
臺北孔廟	臺灣臺北	一九二五年

泉州府學	福建泉州	清乾隆二六年（一七六一年）
蕭縣孔廟	安徽蕭縣	明萬曆年間（一五七三年至一六二〇年）
壽縣文廟	安徽壽縣	清
烏魯木齊文廟	新疆烏魯木齊	清康熙二年（一六六三年）
永州文廟	湖南永州	清乾隆四〇年（一七七五年）
金莊村文廟	山西平遥	元代
解州關帝廟	山西運城	清康熙四一年（一七〇二年）
常平關帝廟	山西運城	清
陽泉關帝廟	山西陽泉	宋宣和四年（一一二二年）
定襄關王廟	山西定襄	金泰和八年（一二〇八年）
大關帝廟（衣戲樓）	安徽亳縣	清康熙年間（一六六二年至一七二二年）
東山關帝廟	福建東山	明洪武二二年（一三八九年）
周口關帝廟	河南周口	清
許昌關帝廟	河南許昌	清
湘潭關聖殿	湖南湘潭	清乾隆三九年（一七七四年）
吉林關帝廟	吉林吉林	清康熙四〇年（一七〇一年）
資中武廟	四川資中	清同治年間（一八六二年至一八七四年）

四　名賢祠廟

晉祠	山西太原	宋天聖年間（一〇二三年至一〇三一年）
于謙祠	北京	明成化二年（一四六六年）
文天祥祠	北京	明
温州文天祥祠	浙江温州	清
岳王廟	浙江杭州	清
岳飛廟	河南湯陰	明初
包公祠（包拯）	安徽合肥	清光緒八年（一八八二年）
米公祠（米芾）	湖北襄樊	清同治四年（一八六五年）
屈子祠（屈原）	湖南汨羅	清乾隆二一年（一七五六年）
屈原廟	湖北秭歸	清

屈原祠	湖北秭歸	一九七八年
三蘇祠（蘇洵、蘇軾、蘇轍）	四川眉山	清康熙四年（一六六五年）
杜甫草堂	四川成都	清
杜甫草堂	甘肅成縣	明萬曆四六年（一六一八年）
武侯祠（諸葛亮）	四川成都	清康熙十一年（一六七二年）
武侯祠（諸葛亮）	河南南陽	清康熙年間（一六六二年至一七二二年）
武侯祠（諸葛亮）	陝西勉縣	清
諸葛亮廟	甘肅禮縣	清
白帝城明良殿（諸葛亮）	四川奉節	明嘉靖三七年（一五五八年）
古隆中（諸葛亮）	湖北襄樊	清
楊升庵祠（桂湖）	四川新都	清嘉慶道光間（一七九六年至一八五〇年）
楊升庵祠	雲南昆明	清
太白祠（李白）	四川江油	清乾隆四二年（一七七七年）
太白樓（李白）	安徽馬鞍山	清光緒三年（一八七七年）
張桓侯廟（張飛）	四川雲陽	清同治九年（一八七〇年）
張桓侯廟（張飛）	四川閬中	清
子龍廟（趙雲）	四川大邑	清乾隆四年（一七三九年）
龐統祠	四川德陽	清康熙三〇年（一六九一年）
張良廟	陝西留壩	清康熙二二年（一六八三年）
司馬遷祠（漢太史公祠）	陝西韓城	宋
史可法祠	江蘇揚州	清乾隆三七年（一七七二年）
林則徐祠	福建福州	清光緒三一年（一九〇五年）
范仲淹祠	江蘇蘇州	清
况公祠（况鍾）	江蘇蘇州	清同治十一年（一八七二年）
顧處士祠（顧炎武）	北京	清道光二三年（一八四三年）
松筠庵（楊椒山祠）	北京	清乾隆五二年（一七八七年）
周公祠（周盛傳）	天津	清光緒年間（一八七五年至一九〇八年）
竇大夫祠（竇犨）	山西太原	元至正三年（一三四三年）
狐突廟	山西清徐	元至元二六年（一二八九年）

楊家祠堂（楊業）	山西代縣	明
壽山將軍祠	黑龍江齊齊哈爾	一九〇〇年
歐陽修祠	江蘇揚州	清同治年間（一八六二年至一八七四年）
司徒廟（鄧禹）	江蘇吳縣	清
靖節祠（陶淵明）	安徽東至	清順治二年（一六四五年）
陶淵明祠	江西九江	清
左忠毅公祠（左光斗）	安徽桐城	清
戚公祠（戚繼光）	福建福州	一九一八年
戚家祠堂（戚繼光）	山東蓬萊	明
蔡襄祠	福建泉州	清
青雲譜（朱耷）	江西南昌	清
顏文薑祠	山東淄博	明
邵雍祠	河南輝縣	明成化六年（一四七〇年）
醫聖祠（張仲景）	河南南陽	清
藥王廟（孫思邈）	陝西耀縣	明嘉靖三七年（一五五八年）
藥王廟（邳彤）	河北安國	清乾隆二〇年（一七五五年）
藥王廟（孫思邈）	吉林吉林	清乾隆三年（一七三八年）
華祖庵（華佗）	安徽亳縣	清乾隆二六年（一七六一年）
五公祠（李德裕、李綱、趙鼎、胡銓、李光）	海南海口	清光緒十五年（一八八九年）
周公廟（周公旦）	山東曲阜	明清
周公廟（周公旦）	陝西岐山	清
柳侯祠（柳宗元）	廣西柳州	清雍正七年（一七二九年）
柳子廟（柳宗元）	湖南零陵	清光緒三年（一八七七年）
四賢祠（史祿、馬援、李渤、魚孟威）	廣西興安	清雍正十一年（一七三三年）
韓祠（韓愈）	廣東潮州	清康熙九年（一六八〇年）
文成公主廟	青海玉樹	清
鄭成功廟	臺灣臺南	清乾隆年間（一七三六年至一七九五年）
蔡侯祠（蔡倫）	湖南耒陽	清
陽明祠（王陽明）	貴州貴陽	清光緒五年（一八七九年）

游定夫祠	福建南平	清道光年間（一八二一年至一八五〇年）
李綱祠	福建邵武	清
二王廟（李冰父子）	四川灌縣	清
孟姜女廟	河北秦皇島山海關	清
龍母祖廟	廣東德慶	清
湄州天后宮	福建莆田	清
天后宮	天津	清
北港媽祖廟	臺灣臺北雲林	清
天后宮	福建泉州	清康熙十九年（一六八〇年）

五　家祠　族祠

丁氏祠堂	福建晉江	明
鄭氏祠堂（鄭成功）	福建南安	清
廖家祠堂	福建上杭	清末
曹秀先家廟	江西南昌	清乾隆五一年（一七八六年）
謝氏祠堂	江西瑞金	清
武氏祠	山東嘉祥	東漢末年
陳家祠	廣東廣州	清光緒十六年（一八九〇年）
土司祠堂	廣西忻城	清乾隆十八年（一七五三年）
羅氏宗祠（寶綸閣）	安徽歙縣	明萬曆年間（一五七三年至一六二〇年）
邊氏祠堂	浙江諸暨	清
王鏊祠堂	江蘇蘇州	清
金家祠堂	江西婺源（現遷景德鎮）	清
梁家祠堂	江西吉安	清
貝家祠堂	江蘇蘇州	清末

圖版

一　天壇祈年殿鳥瞰

二　天壇祈年門

三　天壇祈年門内天花

四　天壇祈年殿全景（後頁）

五　天壇祈年殿全景

六　天壇祈年殿石臺基

八　天壇祈年殿藻井

七　天壇祈年殿内景

九　天壇燔柴爐

一〇　天壇鐵燎爐

一一　天壇皇乾殿

一二　天壇具服臺

一五　天壇皇穹宇藻井

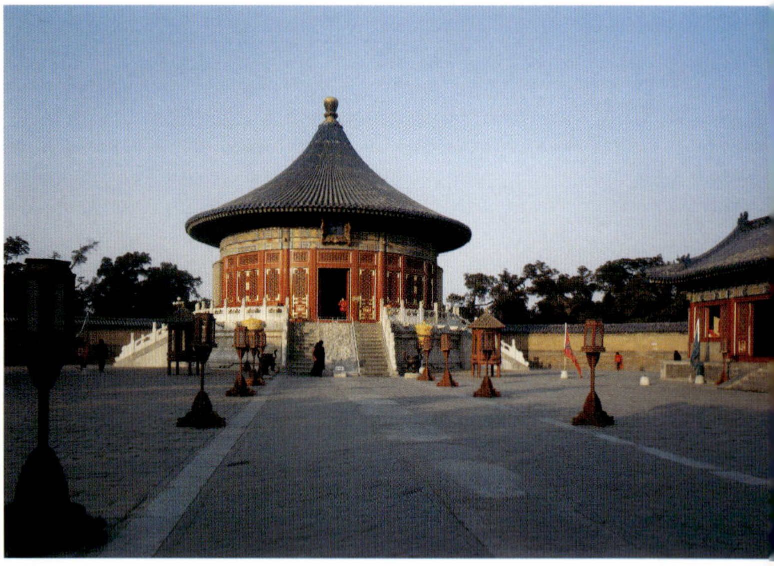

一四　天壇皇穹宇正殿

一三　天壇皇穹宇殿門

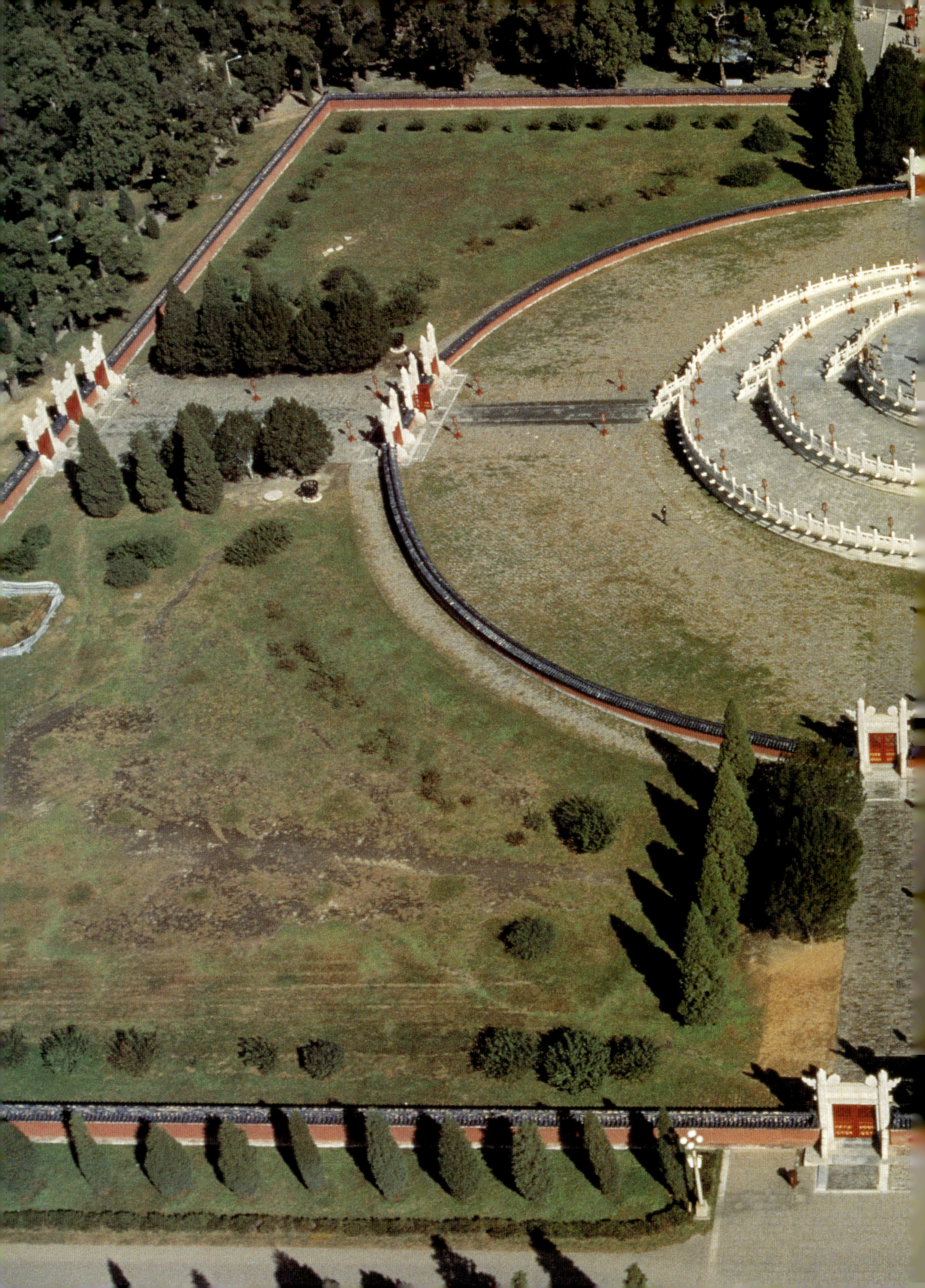

一七　天壇圜丘壇

一六　天壇圜丘壇鳥瞰全景（前頁）

一八　天壇圜丘壇臺面

一九　天壇圜丘壇及内外壝牆

二〇　天壇圜丘櫺星門

二一　天壇丹陛橋

二二　天壇齋宮正殿

二三　天壇齋宫寢宫

二四　天壇七星石

二五　地壇方澤壇全貌

二七　地壇方澤壇上石刻

二六　地壇方澤壇

二八　地壇望燈臺

二九　地壇方澤壇北内壝牆的欞星門

三〇　地壇皇祇室

三一　地壇皇祇室門

三二　地壇齋宫

三三　日壇

三四　月壇

三六　社稷壇五色土

三五　社稷壇享殿

三七　先農壇太歲殿拜殿

三八　先農壇觀耕臺

三九　先農壇神倉

四〇　先蠶壇觀桑臺北正門

四一　先蠶壇蘛館

四二　岱廟遥參亭大殿

四四　岱廟正門正陽門

三　岱廟坊

正陽門

古建防火
人人有责

四五　岱廟天贶殿

四六　岱廟天貺殿前檐裝修

四七　岱廟天貺殿月臺上香爐

四八　岱廟御碑亭

四九　岱廟東御座

五〇　岱廟銅亭

五一　岱廟北門

五二　岱廟古柏

五三　南岳廟御碑亭

五四　南岳廟正殿（後頁）

五六　北岳廟御香亭

五七　中岳廟遥參亭

五五　北岳廟德寧殿（前頁）

五八　中岳廟天中閣

五九　由中岳廟天中閣城臺門洞返視遥參亭

六〇　中岳廟配天作鎮坊

六一　中岳廟鐵人

六二　中岳廟峻極門

六三　中岳廟崧高峻極坊

六四　中岳廟中岳大殿

六五　中岳廟大殿近景

六六　中岳廟寢宮

六七　中岳廟御書樓外景

六八　西岳廟

六九　北鎮廟石牌坊

七〇　北鎮廟石獸

七一　北鎮廟石焚帛爐

七二　北鎮廟神馬門（前頁）

七三　北鎮廟鐘樓

七四　北鎮廟主殿臺基遠視

七五　北鎮廟正殿

七六　北鎮廟内香殿

七七　曲阜孔廟欞星門

七八　曲阜孔廟太和元氣坊

七九　曲阜孔廟弘道門前的柏樹林

八〇　曲阜孔廟大中門

八一　曲阜孔廟奎文閣

八二　曲阜孔廟御碑亭群

八三　曲阜孔廟杏壇

八四　曲阜孔廟大成殿

八五　曲阜孔廟大成殿前檐石柱

八六　曲阜孔廟大成殿後檐石柱

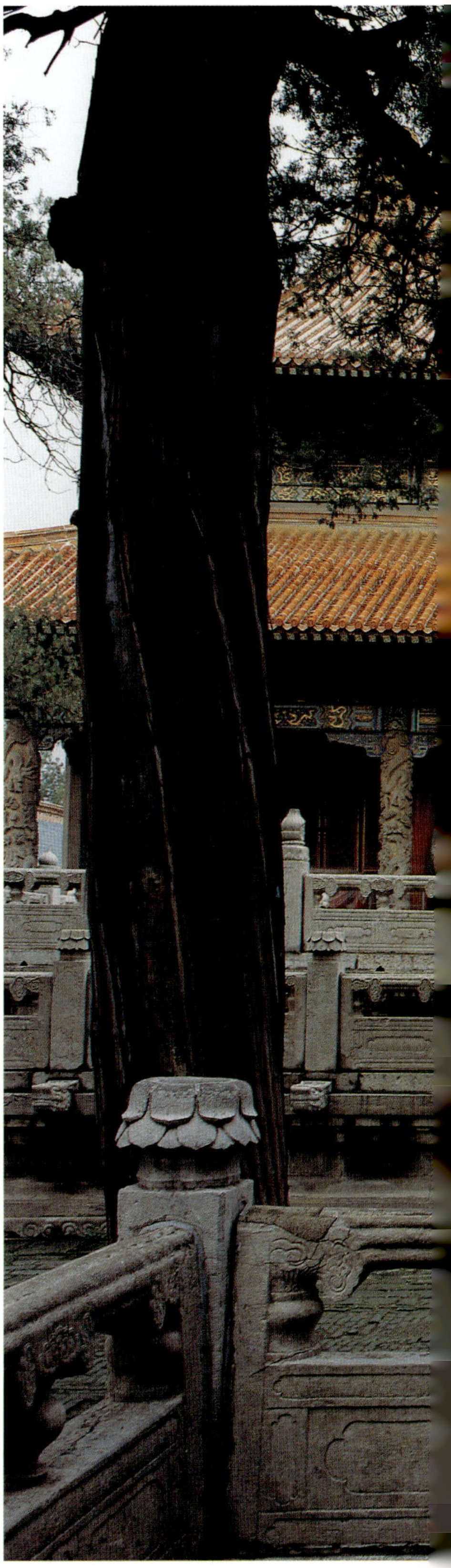

八七　曲阜孔廟大成殿石基及露臺

八八　曲阜孔廟大成殿臺基之陛石

氣備四時與天地鬼神

教垂萬古繼堯舜禹湯文武作之
氣備四時與天地鬼神日月合其

九一　曲阜孔廟聖迹殿

八九　曲阜孔廟大成殿内景（前頁）

九〇　曲阜孔廟大成殿内孔子像龕

九二　顔廟優入聖域坊

九三　顔廟復聖廟坊

九四　顏廟陋巷井亭

九五　顏廟顏樂亭

九六　顏廟復聖殿

九七　顏廟復聖殿後檐

九八　顏廟復聖殿後檐石柱雕刻細部

九九　孟廟亞聖坊

一〇〇　孟廟亞聖廟坊

一〇一　孟廟承聖門前庭院

一〇二　孟廟亞聖殿

一〇三　孟廟亞聖殿前檐石柱

一〇四　北京孔廟鳥瞰(後頁)

一〇五　北京孔廟先師門

一〇六　北京孔廟大成門

一〇七　北京孔廟中心廟院

一〇八　北京孔廟大成殿

一〇九　北京孔廟大成殿近景

一一〇　北京孔廟除奸柏

一一一　北京孔廟碑亭

一一二　國子監成賢街牌坊

一一三　國子監圜橋教澤坊

一一四　國子監辟雍

一一五　國子監乾隆石經

一一六　太廟琉璃牆門

一一七　太廟井亭

一一八　太廟正殿

一一九　景山壽皇殿

一二〇　歷代帝王廟廟門

一二一　歷代帝王廟正殿

一二二　蘇州文廟大成殿

一二三　蘇州文廟櫺星門

一二四　嘉定孔廟仰高坊

一二五　嘉定孔廟櫺星門前泮池

一二六　嘉定孔廟大成殿内景

一二七　資中文廟

一二八　天津文廟府廟櫺星門

一二九　天津文廟府廟大成殿

一三〇　解州關帝廟雉門

一三一　解州關帝廟鐘樓

一三二　解州關帝廟崇寧殿

一三三　解州關帝廟春秋樓

一三五　二王廟澤濩兩渠門

一三四　二王廟入口遠眺

王廟
金堤重鎮

一三七　二王廟觀瀾亭

一三六　二王廟王廟門（前頁）

一三八　二王廟靈官樓

一三九　二王廟山門

一四〇　二王廟李冰殿

一四一　二王廟李冰殿前磚塔

一四二　二王廟李冰殿後檐廊

一四四　司馬遷祠全貌

一四五　司馬遷祠磚門坊

一四三　二王廟李冰殿屋頂處理

一四六　司馬遷祠廟門

一四七　武侯祠前院

一四八　武侯祠劉備殿

一四九　武侯祠劉備殿内景

一五〇　武侯祠過殿

一五一　武侯祠諸葛亮殿

一五二　武侯祠諸葛亮殿屋頂上泥塑裝飾

一五三　武侯祠諸葛亮殿鐘樓

一五五　杜甫草堂正門

一五六　杜甫草堂柴門

一五四　武侯祠桂荷樓

一五七　杜甫草堂工部祠

一五八　杜甫草堂“少陵草堂”碑亭

一五九　杜甫草堂花徑

一六〇　杜甫草堂花徑紅牆

一六一　杜甫草堂水檻

一六二　三蘇祠大門

一六四　三蘇祠正殿

一六三　三蘇祠二門

一六五　三蘇祠正殿前檐

一六六　三蘇祠啓賢堂

一六七　三蘇祠木假山堂

一六九　三蘇祠百坡亭

一六八　三蘇祠披風榭

一七〇　晋祠聖母殿

一七一　晋祠魚沼飛梁

一七二　晋祠獻殿前牌樓

一七三　白帝城

一七四　史公祠大門

一七五　史公祠享堂

一七六　杭州岳廟

一七七　古隆中

一七八　張良廟牌樓

漢張留侯祠

一七九　張良廟正殿

一八○　包公祠正門

一八一　包公祠祠堂庭院

一八二　林则徐祠入口

一八三　林则徐祠正堂

一八五　文天祥祠

一八四　林則徐祠正堂内景

一八六　米公祠

一八七　游定夫祠鳥瞰

一八八　游定夫祠正廳内景

一八九　李綱祠

一九〇　楊升庵祠内亭亭及杭秋舫

一九一　楊升庵祠交加亭

一九二　范公祠

一九三　天津天后宫

一九四　寶綸閣局部仰視

一九五　寶綸閣内檐彩畫

一九六　玉善堂

一九七　梁家祠堂大門

一九八　梁家祠堂正堂

一九九　梁家祠堂後堂明間上檐裝修處理

二〇〇　貝家祠堂

二〇一　陳家祠堂入口

二〇二　陳家祠堂正廳聚賢堂

二〇四　陳家祠堂脊飾

二〇三　陳家祠堂槅扇門裙板木刻

二〇五　陳家祠堂磚雕

圖版說明

一　天壇祈年殿鳥瞰

天壇位于北京永定門內大街的東側，正陽門和崇文門以南。此地在明代為都城南郊，明嘉靖三二年（一五五三年）加築了外城，而將天壇圍入外城內。天壇是『圜丘』、『祈穀』兩壇的總稱，為明清兩代帝王祭天、祈穀和祈雨的場所。每年冬至、正月上辛日和孟夏（夏季的首月）皇帝要到天壇來舉行祭天、祈穀、祈雨的儀式。天壇建築群是祭祀性壇廟建築的代表作，也是中國古代建築優秀作品的範例。

天壇始建于明永樂十八年（一四二〇年），至明嘉靖九年改為天地分祭，加築了圜丘壇，才形成現在的規模。天壇面積廣闊，占地約二七三萬平方米，由內外兩重壇牆圍繞，壇牆的南邊兩角為方形，北邊兩角為圓弧形，以象徵『天圓地方』之義。在內壇牆偏東位置，安排了圜丘與祈穀壇兩組建築。圜丘在南，祈穀壇在北，按南北軸綫方位直對天壇南門及北門。兩組建築之間有一條長約三六〇米，高二・五米的磚石大道相聯係，從而使兩組建築建立起有機的聯係。在內壇西側建有齋宮一組建築，為皇帝祭天前的齋宿之地。在外壇西側靠南處建有神樂署，是祭祀儀式前的樂舞生練習樂舞之處。此外，尚有神厨、宰牲亭等散布在內壇中。天壇的主要入口在西面，面向正陽門大街。在面積巨大的壇區範圍內廣植茂密的柏樹，造成寧靜肅穆的祭祀氛圍。天壇的環境創設及建築造型都是具有創意的杰作，為中國古代建築史上的經典作品。（張肇基攝影）

二　天壇祈年門

祈年門是祈年殿的大門，明代時原名大享門。面闊五間，廡殿頂，下邊有高高的漢白玉石臺基，前後各出三座踏步。明代時，此門與門內兩側配殿及長方形主殿大祀殿構成一方形院落。至嘉靖二十二年（一五四三年）將大祀殿改建為圜形三重檐建築的祈年殿以後，纔使得祈年門孤立在殿前，形成今日構圖。

三　天壇祈年門內天花

該門天花為青綠彩繪團龍團鳳井口天花，與梁枋的龍鳳和璽彩畫相搭配，十分富麗堂皇。

四　天壇祈年殿全景

祈穀壇是皇帝祈求豐年的地方。這組建築由祈年門、祈穀壇及祈年殿、左右配殿、皇乾殿等組成。全組建築坐落在一塊高地上，周圍由壝牆圍繞，在壇的東南部尚附建有神厨、神庫、宰牲亭、七十二間長廊等建築。祈年殿是該組建築群中的主體建築，也是最具特色的建築。

五　天壇祈年殿全景

明初祈年殿稱大祀殿，合祭天地于此，為面闊十二間的長方形大殿，屋面為黃琉璃瓦，以後改為青琉璃瓦。明嘉靖二二年改建為大享殿，作為孟春祈穀和秋季大享的地方。殿形改為圓形，三重檐，攢尖頂。三層檐的瓦色分別為，上層藍色，中層黃色，下層綠色，分別代表昊天、皇帝和庶民，一說代表天、地、穀物。清乾隆十七年（一七五二年）再次改建，將三層檐瓦皆改為藍色，改稱祈年殿。

六　天壇祈年殿石臺基

祈年殿建在三層漢白玉石臺基之上。下層臺基直徑為二十五丈，南北設三座踏步，東西一座踏步。壇上祈年殿直徑為八丈，殿身無牆體，一周全為朱紅色的槅扇門窗，屋頂為三層圓檐，藍色琉璃瓦。整座祈年殿的色彩設計由白色臺基，紅色殿身，藍色屋頂搭配組成，產生出十分高潔莊重的藝術氛圍。

七　天壇祈年殿內景

內部構架是由十二根檐柱、十二根龍井柱、四根鑽金柱組成，分別承托著上部三重檐。當中四根龍井柱高達一九・二米，直徑一・二米，全部繪製瀝粉貼金的纏枝花卉圖案，高貴華麗。內檐梁枋繪製最高級別的『龍鳳和璽』彩畫。殿中央地面有一塊有天然紋路的大理石，類似龍鳳交舞之態，稱龍鳳石，與殿頂中央的龍鳳藻井上下呼應。殿北側為神臺，供奉昊天上帝的神主。座後有硬木浮雕的雲龍屏風。神臺東西尚有兩座矮石臺，臺上安置配祭的皇帝祖先的木主。

八　天壇祈年殿藻井

由兩層圓井組成，外層由十二根上檐瓜柱上的出挑斗栱承托一圓形井口天花。井口天花中間留出一圓井，再由十二攢斗栱承托一組龍鳳蟠結的龍井。全部斗栱天花、梁枋、井口皆為青綠彩畫，僅龍井為貼金，故在色彩上十分突出。

九 天壇燔柴爐

祈年門東側設有燔柴爐，是用綠色琉璃磚砌成的圓筒形磚爐，東西南三面各有九級臺階以通上下。祭天時爐內以松柴點上火，把預先宰好的一頭犢牛送到爐內焚燒。據説犧牲的焚燒香氣可傳送到天神那裏，天神可降臨祭壇，以便人神互通聲息。燔柴爐的東邊尚有圓形的瘞坎，亦為綠色琉璃磚製成的深井，是掩埋犧牲（犢牛）毛和血的地方。

一〇 天壇鐵燎爐

焚燒祭祀時所用的祝版、祝帛等物的爐子，共有八座。祭祀時，各爐燃起衝天之火，雲烟燎繞，全壇通明，敬神儀禮達到忘我入化的高潮。燔柴爐及鐵燎爐在圜丘壇的東南方亦有設置。

一一 天壇皇乾殿

是祈穀壇奉祀神位的供奉所。原建于永樂十八年，初名天庫，為六開間殿堂。嘉靖廿四年（一五四五年）重建，改為五開間。清乾隆時易為藍色琉璃瓦頂。殿內正中有一方形石臺，臺上安置神龕，供皇天上帝神主。龕後有硬木雕刻的九龍屏風。臺西側還有八個小型石臺，為清代安設配祭的八代祖先神主神龕的地方。

一二　天壇具服臺

位于祈穀壇南，大磚門外神路之東側。在舉行祭穀禮之前，張行幄于此臺上，供皇帝休息之用。

一三　天壇皇穹宇殿門

皇穹宇位于祈年殿之南，圜丘壇之北，是平時供奉『昊天上帝』牌位的地方，祭天時纔將牌位由皇穹宇移到圜丘壇上進行祭祀。該殿建于明嘉靖九年（一五三〇年），初名泰神殿，十七年（一五三八年）改稱皇穹宇。乾隆十七年（一七五二年）重修改易藍瓦。該殿的總體布局為圓形，南為殿門，為三座磚製券洞門聯建，頂部藍色琉璃瓦歇山頂，這樣的門制在古代建築中尚屬少見。

一四　天壇皇穹宇正殿

在圓形圍牆內的正北方建有正殿一座為單檐圓形攢尖頂，亦為藍色琉璃瓦，外檐八柱，下設漢白玉製須彌座臺基。正殿前左右各配五間配殿，其內存放圜丘壇祭天時配享的各位神祇的牌位。在正殿內的後壁神臺上則供奉著昊天上帝的神位。皇穹宇周圈為圓形的磨磚牆壁，牆面平整光潔，折聲效果明

顯，當位于圓牆的一側發出聲音，可沿內牆折弧傳遞至另一方，清晰爽朗，故俗稱此壁為『迴音壁』。同時，在院落中央的陛石上發出聲音，音觸環壁，同時折射至中央，聲音洪巨，此亦為圓壁折聲的一個實證。在天壇內的三座主要建築，圜丘、皇穹宇、祈年殿皆取圓形構圖，但形體各异，彼此皆具有明顯的個性風格，但又統一在整體藝術構圖之中。

一五　天壇皇穹宇藻井

在皇穹宇的內檐八根金柱中間構築了一樘十分華美的藻井。藻井外圈是由圓形梁枋上伸出的四十組斗栱承托。中圈是由三十二組五踩品字斗栱承托。內圈是圓形的井口天花海墁及中心的圓井。全藻井沒有複雜的雕刻，沒有巨大的構件，所有的井口天花、五踩斗栱、溜金斗栱的比例十分接近和諧，并統一繪製成大點金青綠彩畫，構成一幅平展展的錦紋圖畫，十分富有韻律味道，是清代建築藻井中的佳作。

一六　天壇圜丘壇鳥瞰全景

圜丘是每年冬至日皇帝在此祭天之所。又稱祭天臺、拜天臺，位于天壇之南部。始建于明嘉靖九年（一五三〇年），清乾隆十四年（一七四九年）又大加擴建。圜丘壇為圓形，三層漢白玉石臺基，直徑為二十一丈。壇外圍有壝牆兩重，內壝圓形，外壝方形，均為藍琉璃瓦通脊牆頂，牆身硃紅。四方各有四柱三門白石櫺星門。在外壝牆內的東南方有燔柴爐、瘞坎、鐵燎爐，為祭祀時焚燒祭品，掩埋毛血之處。在外壝牆內西南角有望燈臺遺迹三座，為祭天時懸挂稱之為望天燈巨型燈籠的燈竿。壝牆之內不植一樹，壝牆之外遍植松柏。古柏森森，層臺高築，玉砌雕欄，通體素白，襯于蔚藍的蒼天之下，顯示出高雅、端莊、崇高的藝術氛圍，益發增進對天神的崇敬。（張肇基攝影）

一七　天壇圜丘壇

由三層白石臺基構成，呈圓形，以象徵天。東西南北有四出踏道，通向壇臺中央。三層臺基皆圍有漢白玉石欄杆。

一八　天壇圜丘壇臺面

古人認為『九』為陽數之極，以示天體的至高至大，故壇面、臺階、欄杆皆采用九或九的倍數砌造。如中央頂層壇面有九圈面石，自一九環砌遞加至九九八十一塊；中層壇面自九〇遞加至一六二塊；下層壇面自一七一遞加至二四三塊。每層石階為九級。頂層石欄七十二塊；中層一〇八塊；下層一八〇塊，共計三六〇塊，正合周天三六〇度之數。關于壇面九圈環石，在明代有人引用道家《太玄經》中有關上蒼有九重天之説。每當祭祀時在中央的太極石上供奉昊天上帝神位，外面支搭藍色緞幄帳，象徵著天帝居住在九重天之上。類似象徵性的數字在祈年殿中也可見到，這是古代壇廟中運用理性原則來規範建築形制的常用手法。

一九　天壇圜丘壇及內外壝牆

二〇　天壇圜丘欞星門

設在兩重壝牆的四正面的中間。這種四面設門的十字軸綫式的布局始自西漢的禮制建築，以及歷代的明堂建築平面布局中，也可以說是壇廟建築的慣用手法。欞星門的造型是由宋代的烏頭門演化而來，與明清以來盛行的帶有樓屋的牌樓門有較大的不同。這種石製的欞星門往往成為壇廟、陵墓所專用的門制。

二一　天壇丹陛橋

實際為聯接圜丘與祈穀壇之間的海墁大道——神道。因該路地基較高，高出兩側地面二·五米以上，周圍松柏茂密，樹冠浮于路上。人行于路面之上，感覺天高地闊，一望無際，騰身于樹海之上，猶如登上帝王宮殿的丹陛之上，又稱丹陛橋。

二二　天壇齋宮正殿

齋宮是祭祀之前三天，皇帝在此住宿、沐浴、齋戒的地方。所謂齋戒包括不吃葷腥、不飲酒、不娛樂、不吊喪、不理刑名、不近后妃。齋宮建于永樂十八年；後經嘉靖、雍正、乾隆、嘉慶歷次重修，但形制未曾大變。齋宮坐西朝東，面積約四萬平方

米，呈正方形布局。外有一圈外壕，壕內岸四周建迴廊一六三間，為守城兵士避風雨的地方。迴廊內為四方磚城。磚城內又有一道內壕和內圍牆（名子城）。東、南、北三面各有門、橋相通宮內。這些嚴密的防禦體系完全是為了皇帝遠離禁城，獨宿齋宮時的安全而設。

齋宮正殿與寢宮是齋宮的主體建築，皆為綠琉璃瓦頂，表示皇帝在昊天上帝面前也要稱臣，不敢用皇宮的黄琉璃瓦。正殿七間，為仿木構的磚石無梁殿結構，內部為筒券頂，殿內正中設寶座。

由于在天壇齋宮齋戒時生活枯燥，以及安全上無十分保證，因此自清代雍正時開始，在紫禁城另建一座內齋宮。祭天時，在內齋宮持戒三天兩夜，至第三天午夜子時移居天壇齋宮，黎明時行祭天禮後，即可返回紫禁城。

二三　天壇齋宮寢宮

在正殿之後，硬山調大脊式屋頂，為皇帝齋戒時住處。北兩間為暖房，是祈穀、祭天時住宿處。南兩間無地炕，為祈雨時的住處。旁有浴室，名熏沐殿。

此外，齋宮內尚有茶果局、御膳房、衣包房、什物房、典守房、首領太監侍衛房等配屬房屋，以及太監房、鑾儀衛、旗手衛等雜用房屋，完全是一套內宮生活配置模式。

二四　天壇七星石

祈年殿之東面設有神厨、神庫，由七十二間長廊與祈年殿相聯係。長廊南面的廣場上設有七塊石頭，稱『七星石』，象徵天上的北斗七星，每塊石頭皆鏤刻出山形朵雲紋飾，是明嘉靖時放置的『鎮石』。

二五　地壇方澤壇全貌

地壇又名方澤壇，位于北京城北安定門外，以取天南地北之義。該壇建于明嘉靖九年（一五三〇年），是每年夏至日舉行祭祀皇地祇神的地方。

二六　地壇方澤壇

地壇的方位為朝北向，由方澤壇、其南的皇祇室（地祇神的寢宮）、其西的神厨及神庫、西北角的齋宮構成。壝牆之外遍植松柏，空曠而幽靜，使祭祀性格分外突出。按『天圓地方』的傳説，方澤壇形制采用正方形。主體壇臺為兩層，以黄琉璃磚砌築，以黄象地。其體積數字均與六有關。古人認為『六』為陰數之中，代表『地』的含義。按此，上層方壇六丈；下層十丈六尺，每層高六尺。壇外有一圈水渠，以象方澤，澤周長四十九丈四尺四寸，寬六尺，代表江河湖海之上拱衛的就是被祭祀的大地。方澤之外更有兩層壝牆，四正面開門，設石製欞星門。地壇的設計與天壇類似，也大量采用數與色的象徵性手法。

二七　地壇方澤壇上石刻

在方澤壇的下層壇臺的東西面列有兩列雕刻精美的石座，共有二十三個。為明代祭奠地祇神時配祭的五岳山、五鎮山、五陵山、四海、四瀆的神臺，共分四組。東一組為八座，代表中岳、東岳、南岳、西岳、北岳、基運山、翊聖山、神烈山（清代則代以啓運山、天柱山、永寧山）。西一組為七座，代表中鎮、東鎮、南鎮、西鎮、北鎮、天壽山、純德山（清代則代以隆業山、冒瑞山）。東二組為四座，代表東海、西海、南海、北海。西二組為四座，代表大江、大河、大淮、大漢。東石座面西，西石座面東，皆拱衛中央。同時，象徵山的石座鑿雕山形，象徵水的石座鑿雕水形。在祭禮舉行時，二十三座神位皆罩以黃色幄帳。

二八　地壇望燈臺

設在方澤壇外壝牆內的東北角。臺上建燈竿，高十丈七尺五寸。原製尚有戧木三根，以資穩固。大祀時，燈竿上懸巨燈。

二九　地壇方澤壇北内壝牆的欞星門

三〇　地壇皇祇室

在方澤壇之南，是建築群的最後一組建築，為黃色琉璃瓦覆頂的單檐歇山屋頂。周圍有繚垣圍繞，呈正方形，周長四十四丈八尺。在北繚垣設一門通方澤壇。室內供奉地祇神主，祭祀時請出置于壇上。皇祇室東西各置瘞坎兩座。現存皇祇室建築為明代建築，比例穩重、渾厚，做工精細。

三一 地壇皇祇室門

門外直達方澤壇。

三二 地壇齋宮

為皇帝齋戒之所。正殿七間，有高高的石臺基，前面布置五座踏步，兩側配殿各七間。庭院中有老松、古槐，氣象森然。乾隆御製《北郊齋宮即事》詩中有『僕臣方苦熱，嘉槐有崇蔭，清切玉階深，虬松蓋影森』之句，描述了齋宮庭院内的景色。

三三 日壇

又名朝日壇，是祭祀太陽神，即大明之神的地方。明嘉靖九年（一五三〇年）建。按日東月西的慣例將其布置在京城的東邊，朝陽門外。釆用面陽而祭的方式將入口闢在西側，使祭禮者面陽行禮。壇臺為正方形。臺面在明代時原為紅色琉璃瓦，為象徵太陽

的顏色，清代改為方磚。壇臺四周有一圈圓形壝牆，亦為太陽的象徵，周長七十六丈五尺。壝牆之北、東、南三面設漢白玉欞星門，而正西設三座，以突出主要入口的方向性。圖示為日壇壇臺。

三四　月壇

又名夕月壇，是皇帝祭祀月神，即夜明之神的地方，明嘉靖九年（一五三〇年）建。與日壇相對應安排在京城西邊阜成門外。入口安排在東邊。夕月壇為方形，一層，方四丈。明代時壇面甃以白色琉璃磚，以象徵皎潔的月色，清代時改為方磚。壇四周壝牆為方形，四面開設欞星門。月壇的整體布局與一般壇廟差不多，除壇體以外，尚有東北角的具服殿，南門外的神庫，西南為宰牲亭、神厨、祭器庫，北門外為鐘樓等。圖示為具服殿。具服殿是更換禮服之處，正殿三間，東西配殿各三間，懸山頂，為一四合院式建築，規模雖小，但井然有序。

三五　社稷壇享殿

明清兩代的社稷壇是帝王拜祭土地神及五穀神的地方。位于皇宮中軸綫前方西側，與太廟相對應。以符合『左祖右社』之古制。建于明永樂十九年（一四二一年）。壇制以北為上，故其布局為由北向南展開。壇北設正門三間。入正門為大戟門（明代稱拜殿），再南是享殿，最後為壝牆圍繞的方形

社稷壇。享殿是皇帝舉行祭禮時休息的地方，遇有風雨時祭社稷禮也可改在享殿中舉行。該殿建于明永樂十九年，面闊五間，黃琉璃瓦，單檐歇山頂。內部采用徹上露明造。是北京現存較為稀少的明代建築之一。

三六　社稷壇五色土

壇體三層，方形。壇上鋪築五色土壤。依據五行方色之說，中間為黃土，東為青土，南為赤土，西為白土，北為黑土，代表

著金木水火土五種物質，以及全國五方疆土，表示『普天之下，莫非王土』的意思。壇土須經常更新，皆由京郊的涿、霸二州，房山、東安二縣備辦。石壇中央立有方形『社主石』，又名江山石，表示皇帝統治的『江山永固』。民國以後已經撤除。圍繞社稷壇的方形壝牆亦用不同顏色的琉璃磚砌造，分別是東藍、西白、南黃、北黑，同樣是象徵性的顏色。在壝牆的四正面各建有白石欞星門一座，在古柏的掩映下，成為壇區重要的裝飾性建築。

三七　先農壇太歲殿拜殿

先農壇在北京永定門內大街西側，與天壇左右對峙。先農壇原為明代山川壇故址，後來因為祭祀制度的變化，經明清兩代的改建後，改稱先農壇。壇內實際包括兩方面內容，一為祭祀農神的先農壇；一為祭祀太歲的太歲殿。太歲殿在先農壇的北半部，明嘉靖八年（一五二九年）建造，乾隆時重修。每年正月上旬吉日，致祭太歲之神于此殿。太歲原為一星辰名，即木星，十二年運行一周天。術數家認為太歲星所在之方位為凶方，凡巡狩、出師、營建等項事皆須迴避。有關太歲星祭祀儀禮在唐宋時尚不見稱于祭典，元代才開始祭禮。太歲殿布局為正殿七間，為祭神之所。東西廡各十一間，東廡祭春秋月將神六位；西廡祭秋冬月將神六位。前有拜殿七間，正殿與拜殿之間為一廣闊庭院。據記載明嘉靖時禮臣曾建議建太歲壇，因壇制無考，建議按社稷壇式建造，是否在院中曾建造了太歲壇，已不可考。清代以來，祭典即在正殿內舉行。圖示為太歲殿拜殿外景。拜殿前東南有燎爐一座，殿西為神廚、神庫、宰牲亭等。

三八　先農壇觀耕臺

先農壇在南半部，包括祭壇，壇北的寢殿，左右神厨、神庫、井亭等所組成。最有趣味的是在先農壇東南的觀耕臺，這是為皇帝舉行觀稼禮的地方。該臺方廣各五丈，高五尺，四圍為黃綠琉璃磚製須彌座，座上為漢白玉石欄杆。東南西三面有踏步。臺南有耤田一塊。每當仲春之時，皇帝駕臨先農壇行耕耤禮。屆時皇帝更衣立于籍田前，由兩名老農牽一黑牛，兩名農夫扶犁，皇帝右手扶耒，左手執鞭，隨牛前進，後面由順天府丞捧一青箱，內裝稻穀，户部侍郎親自播種。同時周圍彩旗飄揚，鼓樂齊鳴，就這樣皇帝往返四次，即稱禮儀完畢。然後登觀耕臺，再觀看從耕的三王、九卿舉行耕耤禮，三王是往返五次，九卿是往返九次。然後其餘的田畝由順天府尹帶領農夫耕播完畢。這種耕耤禮衹不過是表示皇帝關心農事，勸農耕稼之意，也是禮制思想的一種表現。圖示為觀耕臺的臺座側面。

三九　先農壇神倉

在太歲殿之東，觀耕臺之北，是收儲耤田所收穫的神穀之處所。原來的神倉規模較大，其中間的主要的倉廩為一圓形建築，單檐攢尖頂，南出踏步五級。前有方形收穀亭，左右各有倉房三間，及碾房、磨房各三間，共同組成一座院落。其後部聯建一院落為先農壇的祭器庫。每年在皇帝親自耕種過的一畝三分地的耤田裏收獲的稻穀十分寶貴，一定要收儲在神倉之內，經過加工，製成祭品，供天、地、祖宗大祭禮時使用。此外，尚有護壇地六百畝，多種植黍稷以及薦新品物，供宮廷使用。另有九十四畝地種糧食，收獲的稻穀收儲在神倉之內，以備首都旱澇時，補充調劑之用，其實不過是擺擺樣子，並無實際效用。

四〇　先蠶壇觀桑臺北正門

先蠶壇位于西苑北海東岸，畫舫齋之北。是清代后妃每年祭祀蠶神的地方。按民間『男耕女織』的風俗，由皇帝親祭先農，以示勸稼；皇后親祭先蠶，以示勸織。每次皇后祭祀蠶神時，都由公主、福晋、大臣命婦等女眷陪祭，禮儀隆重，讀祝行禮，一如其他天神地祇之祭典。先蠶壇的布置多是与養蠶有關的內容，如先蠶拜臺、觀桑臺、桑園、先蠶神殿、繭館、織室、蠶室、浴蠶河、陪祀室等。並且象徵蠶桑之色，全部建築皆為綠色琉璃瓦覆頂。整座天蠶壇可分為西中東三部分：西部為先蠶拜臺，中部為桑園、觀桑臺、正門、繭館、織室；東部以浴蠶河為界，河上架橋相通，沿東垣牆設先蠶神壇、蠶署、蠶室等建築。圖示為先蠶壇的主體建築群—繭館與織室前的正門，是一座單檐歇山頂黃綠琉璃門。

四一　先蠶壇繭館

先蠶壇的主體建築分為兩進院落。進入綠琉璃門內，迎面設影壁一重，正北為正殿繭館，又稱具服殿，為單檐歇山綠琉璃瓦五間殿堂，前有月臺，三面為階。正殿東西各有配殿三間。繭館後為後院，正北設織室五間，東西配殿各三間，院落中央為一池塘。院落四圍以迴廊維護，形成一個水院。這種布局在壇廟建築中尚屬少見。目前先蠶壇改為北海幼儿園，壇址已毀，但建築尚在。

四二　岱廟遥參亭大殿

因泰山亦稱『岱宗』，故祭祀東岳泰山

神的東岳廟亦稱『岱廟』。岱廟位于泰安縣城北部，直對泰山主峰，為歷代帝王舉行封禪大典的地方。自秦始皇時即開始營建活動，歷漢唐，至宋時岱廟已具有八百餘間房屋的規模，金、元、明、清又陸續加以擴建。整個岱廟建築群以南北軸綫為準則，劃分為東、中、西三條軸綫。中綫為遥參亭、岱廟坊，進入岱廟本體有正陽門、配天門、仁安門、天貺殿、寢宮、後載門等。東綫為漢柏院、東御座（皇帝駐蹕之所）。西綫有唐槐院、道舍院。圍繞岱廟有高十餘米的城牆，城牆四角建角樓，具有皇家宮殿的氣勢。

遥參亭是岱廟建築群的前奏，由此向北軸綫安排直抵泰頂的南天門。古代帝王凡封禪祭祀泰山，均先在此『草參』，再入廟祭祀，故建有遥參亭。此亭經歷代改建，實際已不是『亭』，而是一組院落，南北長六六米，東西寬五二米，由南山門、正殿、配殿、後山門組成。正殿五開間，前後檐廊式，黃琉璃瓦歇山頂，內部供奉碧霞元君塑像。在正殿前庭院中尚有一儀門，木製懸山頂。平時不開，僅大祀時才啓用，故兼有屏壁的功用。

四三　岱廟坊

位于正陽門前。建于清康熙十一年（一六七二年）。通高十二米。四柱三樓，通體滿布雕飾，加工極細，各有標題。如丹鳳朝陽、雙龍戲珠、麒麟送寶、喜鵲登梅等。反映出清初在裝飾雕刻方面的時代趨向。

四四　岱廟正門正陽門

城門樓名稱亦仿大內名謂，稱之為五鳳樓。該門最大特點是城門洞為木構架設的梯形門洞，與明清時代的圓形磚券門洞不同，這种做法尚保留了唐宋以來城門洞的古制，也是難得的實例。

四五　岱廟天貺殿

天貺殿為岱廟的主殿。始建于宋代，經明清重修。黄琉璃瓦重檐廡殿頂。殿内恭祭『東岳泰山之神』。最有名的是殿内東西壁所繪的泰山神出巡的壁畫，名《啓蹕迴鑾圖》，長達六二米，高三·三米。東牆為啓蹕，西牆為迴鑾，以出巡儀仗人物為主題，間雜以山川樹木、亭榭花鳥，氣勢磅礴，筆法流暢，繁而不亂，畫面場景陣勢浩大，人物神態生動有致，是有名的道教壁畫。

四六　岱廟天貺殿前檐裝修

四七　岱廟天貺殿月臺上香爐

四八　岱廟御碑亭

岱廟内保存的歷代碑碣極多，共有一五一塊，向有『碑林』之譽。這些碑刻不僅記載了歷代祭告泰山活動，題名，賦詩寄怀等多方面内容，並且書法藝術極佳，風格各异。王羲之、王獻之、宋代蘇、黄、米、蔡等皆留有墨迹，堪稱為一座書法藝術博物館。圖示為天貺殿前的乾隆御筆的碑亭。

四九　岱廟東御座

是帝王來岱廟行禮時駐蹕之地。為一四合院式行宫。著名的秦二世泰山石刻即保存在此院中。

五〇　岱廟銅亭

原名金闕。建于明萬曆四三年（一六一五年），原位于泰山頂的碧霞元君祠内。此亭冶鑄工藝精巧，造型渾重，是我國僅存的幾座銅亭之一。

五一　岱廟北門

又稱後載門。其形制做法與南門正陽門類似，僅規模稍小。

五二　岱廟古柏

廟内古樹極多。最著名者為漢柏院内的漢柏，傳為漢武帝東封泰山時所手植，現僅存五株。圖示為天貺殿西側古柏。

五三　南岳廟御碑亭

位于湖南衡山脚下南岳鎮，為全國五大岳廟之一。其規模完整宏大，與東岳、中岳並稱。唐初建廟以後，歷代重修，現有建築大部分為清代建築。南岳廟總面積為九万八千平方米。前後共分七進，按南北軸綫排列有欞星門、奎星閣、正川門、御碑亭、嘉應門、御書樓、正殿、寢宮等。圖示為御碑亭。該亭是一座有趣味的建築，為重檐六角形建築，但平面為不等邊，南北兩面開間較大。屋頂雖為一字脊，但兩山部分却將三條脊融滙在一起，形成奇特的屋頂形式。説明古代匠師不拘泥成法的創新精神。該亭建于清康熙四七年（一七〇八年），碑石記載了康熙時重修岳廟的經過。

五四 南岳廟正殿

正殿九間面闊，重檐歇山頂，殿基高聳，巍峨壯觀。為了防止蟲蛀腐爛，該殿內外柱身均用石材，共計七十二根。這個數字與南岳的七十二峰巧合， 故被人們傳説為象徵性設計。此外南岳廟正殿的雕刻十分豐富，集中在臺基石欄板及內檐裝修上，有龍、鳳、獅、象、麒麟、駿馬，以及神話傳説等題材。

五五 北岳廟德寧殿

在河北曲陽縣城內，是從北魏開始一直到清朝順治初年歷代帝王祭祀北岳真君的地方。清順治十七年以後，祭祀東岳的儀式改在山西渾源州舉行，此廟遂廢。此廟原來規模龐大，由南至北布置有神門、御香亭、凌霄門、三山門、飛石殿、德寧之殿等，南北長達三百餘米。圖示為北岳廟的主殿德寧殿。該殿面闊九間，進深六間，重檐廡殿頂，綠琉璃瓦剪邊屋面，殿基坐在二・五米的高臺上。該殿建于元至元七年（一二七〇年），至今已經七〇〇餘年，是現存元代最大的木結構建築。大殿殿身用七鋪作斗栱，單抄雙下昂，下檐用五鋪作斗栱雙下昂，整座殿堂形體宏大，出檐舒展，具有明顯的元代官式建築風格，是研究元代建築的重要標本。難得可貴的是在斗栱、栱眼壁、天花、藻井及欄額、明袱等處尚殘留有元代彩畫，彩畫圖案中有不少太極圖案，説明受道教影響很深。

五六　北岳廟御香亭

位于神門以北，又稱天一亭、敬一亭，後接凌霄門。外觀為八角形三層檐的亭閣式建築，體量龐大，是北岳廟前區的主體建築之一。以亭閣式形體的建築安排在壇廟的中軸綫上，可以打破軸綫的單調空間。這種手法也同樣應用在南岳廟御碑亭、關帝廟御書樓等建築中。

五七　中岳廟遥參亭

中岳廟位于河南登封縣嵩山太室山之南黄蓋峰之下，是我國五大岳廟之一，為祭祀中岳山神的祠廟。經歷代多次增修，現存壇廟為清乾隆時大規模修葺後形成的，占地約十万平方米。在南北軸綫上排列有中華門、遥參亭、天中閣、配天作鎮坊、崇聖門、化三門、峻極門、崧高峻極坊、中岳大殿、寢殿、御書樓等十一座建築，形成層層演進的空間序列，長達六五〇米，將朝拜者逐步引入信仰高潮中。

圖示為最前方的遥參亭。在清代遥參亭與天中閣之間亦圍成院落，設有東西門坊，並在院外的東、西、南面各有木製牌坊一座，形成空間富于變化的布局。

五八　中岳廟天中閣

又名黄中樓。明嘉靖四一年（一五〇二年）改建，為中岳廟的南大門。該門為仿皇宮正門之形制，下為高七米的城臺，中間開設三個門洞，額書『中岳廟』。城臺上建五開間帶周圍廊的重檐歇山綠瓦頂。在五岳廟的門制上，以此最為雄偉。

五九　由中岳廟天中閣城臺門洞返視遥參亭

六〇　中岳廟配天作鎮坊

在天中閣之北，又稱北坊。與遥參亭外原有的東坊、西坊、南坊共同構成四維布局，中心是遥參亭與天中閣。

六一　中岳廟鐵人

位于崇聖門東北，原為古代神庫所在地。鐵人共有四軀，高約三米，振臂握拳，雙足叉開，怒目挺胸，十分威武，為宋治平元年（一〇六四年）忠武軍匠人董襜所造。據載，原神庫内有鐵絡（鐵製的網子），四鐵人分持四角，當祭禮舉行完畢，將祭品放在鐵絡中焚燒，這也是一種構思新穎的焚帛爐形式。現在我們從這些鐵鑄力士身上尚可了解宋代冶鑄業的高度水平。

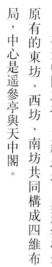

六二　中岳廟峻極門

峻極門以內為中岳廟主體峻極殿主院。四周廊廡迴環，尚存金代廟制形式，院中有峻極坊及拜臺兩座建築。四周遍植松柏，綠陰遮天，氣氛莊肅。

六三　中岳廟崧高峻極坊

在峻極門和中岳大殿之間。為四柱三樓式木製牌坊，比例合宜，成為大殿前庭院中很好的附襯小品建築，同時也是大殿的框景。

六四　中岳廟中岳大殿

即峻極殿。面闊九間，進深五間，重檐廡殿頂，黄色琉璃瓦屋蓋，木構件上油飾最尊貴的和璽彩畫等，皆是清式宫廷建築最高等級的處理手法。在内檐當心間尚保留一組盤龍藻井，斗栱層疊，八方穿斗，盤龍居于井心，是一組藝術水平較高的小木作製品。

六五　中岳廟大殿近景

六六　中岳廟寢宮

在峻極殿之後方。按照傳統的前殿後寢的古意而設置。根據金代刻製的『大金承安重修中岳廟圖』碑所示，在原來的大殿和寢殿之間有穿堂相通，形成工字殿之形制。

六七　中岳廟御書樓外景

六八　西岳廟

西岳華山是『五岳』之一。西岳廟創建于漢武帝年間，初在華山之東黄神谷，北魏興光初年遷于華山之北、華陰縣東五里華岳鎮。圖示的石牌坊建于岳廟外院，即五門樓與金城門之間。石坊為三間四柱五樓式，比較忠實地刻劃出木構的構造原意，同時又利用石材的特性，在額枋等處施以生動的石雕刻。匾額上枋滿刻仙人；下枋滿刻走獸，再下的騎馬雀替上也刻滿飛禽與祥雲。挾杆抱鼓石上也雕有獅子、花卉及其他裝飾紋樣。西岳廟的石坊可稱為一座富麗的石雕刻品。

六九　北鎮廟石牌坊

北鎮廟位于遼寧北鎮縣醫巫閭山脚下。醫巫閭山為五大鎮山之一，至遲在隋代已被封為鎮山。山下立祠廟始于金代，歷經元明清各代擴建成今日規模。全廟東西寬一〇九米，南北長二四〇米。廟前立有五間六柱五樓式石牌坊，該坊用材粗大，形象渾厚端莊，絶少雕飾。後因地震而殘毁，九十年代經科學考證予以復原重建。

七〇　北鎮廟石獸

在石牌坊前後各有石獅石獸一對，造型古樸、粗獷，保持著北方游牧民族的藝術風尚。

七一　北鎮廟石焚帛爐

位于山門内院之西側。全部石造，屋頂出檐較大，比例匀稱，造型舒展。

七二　北鎮廟神馬門

北鎮廟是結合地形逐層抬高各進殿座的布置形式。進山門後為神馬門及左右鐘鼓樓對峙，建于條石圍成的高臺之上。屋面低平舒展，單檐的神馬門居中，二層的鐘鼓樓列于兩角，組成起伏有致的輪廓綫。

七三　北鎮廟鐘樓

七四　北鎮廟主殿臺基遠視

北鎮廟的主體建築在神馬門之後，有御香殿、正殿、更衣殿、內香殿、寢殿等五重大殿，皆建在統一的工字形高臺上，再加上高臺前碑碣林立，氣勢十分雄偉。這種將數殿建在一個高臺上是元代盛行的建築手法，可以有效地加強主要建築的氣派。明清故宮中的三大殿即繼承了這種手法。圖示為從御香殿高臺基上返視神馬門、鐘鼓樓之景色。

七五　北鎮廟正殿

為五開間，歇山頂，綠色琉璃瓦屋蓋的大殿。雍正時曾改建為七間，但因體量過大，在光緒時又改為五間。

七六　北鎮廟內香殿

位于更衣殿之後，為主體建築群的第四進殿堂，又稱中殿。從元明以來的平面布局分析，該殿原來可能是寢殿門。後來在高臺上增設御香殿及更衣殿，纔形成五殿並聯的特殊布局。

七七　曲阜孔廟欞星門

曲阜孔廟在縣城的中部，歷代祭孔大典在此舉行，是全國各地孔廟中規模最大建立最早的孔廟。該廟若從魯哀公十七年（前四七八年）孔子死後將其三間舊居改作廟堂時算起，至今已有近二五〇〇年的歷史。後漢時改由政府直接管理。宋太平興國八年對孔廟進行了一次大規模的擴建，以後又經金、明時期的改造，形成今日的規模。

曲阜孔廟布局仍是遵循古代縱深建築布局形制安排各座殿堂，形成長達六五〇米的中軸綫。前導部份計有金聲玉振坊、欞星門、太和元氣坊、至聖廟坊、聖時門、弘道門、大中門、同文門、奎文閣。主體部份計有大成門、杏壇、大成殿、寢殿、聖迹殿。此外尚有東路、西路兩組建築。曲阜孔廟是除帝王宮殿以外的規格等級最高的建築，以表示對至聖文宣王孔丘的景仰與尊敬。在這組建築群中應用了城牆、角樓、黃琉璃瓦、重檐廡殿頂、石柱、雲龍浮雕等皇家體制，以類比人間帝王。

欞星門是孔廟的大門，原為木結構建築。乾隆十九年（一七五四年）重修，改為鐵梁石柱牌坊式大門。三間四柱，朱紅格柵門六扇。石柱前後有抱鼓石夾持，並有石撐竿支頂，柱身有雲版穿插，柱頂雕有四大天王像，是一座雕刻精美仿木構的石製牌坊門。

七八　曲阜孔廟太和元氣坊

為前導部分的主體石坊。與左右廟牆的『德侔天地』、『道冠古今』兩座木製牌坊，以及北面的至聖廟坊互相呼應，加之院內古柏青翠，構成簡單肅穆的廟前序曲空間。孔廟石坊用材都比較粗大，很少用雕飾，以氣勢取勝。造型上還保存著由宋代烏頭門發展而來的牌坊古意。

七九　曲阜孔廟弘道門前的柏樹林

在前導部份安排了兩個以樹林為主的庭院。一為弘道門前，一為大中門前。空曠的場地，遍植數百年樹齡的古柏，形成綠色屏障和深邃的甬道空間，層層門坊隱現在叢翠之中，使人感到孔廟歷史的悠久和聖域的深奧，以環境氣氛烘托建築空間。

八〇　曲阜孔廟大中門

是孔廟中軸綫上第四道門。在宋代以前孔廟規模尚小，此門為第一道正門，門內圍成的廟院四角建有角樓，已具帝王宮殿的形制。後來孔廟日漸擴展，門前又增了弘道門、聖時門、櫺星門等一系列門坊，將建築軸綫氣勢一直延伸到曲阜南城牆邊。院內場地廣植松柏，布局藝術更加宏偉。

八一　曲阜孔廟奎文閣

建于明弘治十七年（一五〇四年）。面闊七間，進深五間，兩層三檐，內部有一夾層，黃色歇山頂，上層有一圈平坐，可登高遠望，下層檐柱俱為石柱。奎文閣原是孔廟的藏書樓，樓上藏書，而樓下為一空曠的空間，僅有清碑十通立于室內。原來作為祀典習儀的地方。在一般孔廟中藏書樓皆在廟區的大成殿後方，而奎文閣設在廟中間的布局是一特例。奎文閣的結構方案亦有歷史價值。中國木構樓閣結構在唐宋以前皆是采用分層疊構的構架體系，如薊縣獨樂寺觀音閣等實例所顯示的構架方案。而至明代已出現數層結構采用通柱的辦法，這對構架的整體穩定性十分有利，是施工技術及結構技術的進步。奎文閣的下層為單獨構架，暗層（平坐層）與上層的柱子應用通柱，長達十一米餘，俱用整根楠木製作。上下柱位相對，中間以斗栱相承聯絡，已經反映出結構體系逐漸變化的趨向。

八二　曲阜孔廟御碑亭群

在奎文閣與大成門之間，建有十三座碑亭。除金代碑亭兩座、元代碑亭兩座以外，餘均為清代康熙至乾隆年間所建。所有碑亭的外形皆基本雷同，平面為方形，重檐歇山黃色琉璃瓦頂，但内部構架却有時代的不同。從最早的兩座金代碑亭（第八號、十一號碑亭）來看，原來對峙在空曠的大成門前，起到了很好的陪襯中心的作用。但陸續建成十三座亭群以後，衆多的建築充塞在狹長的庭院中，對孔廟的總體構圖反而起到了破壞作用，擁塞了空間，減弱了主體建築的藝術作用。這種續建碑亭的副作用在北京孔廟中亦有所見。

金代碑亭的下檐結構采用單抄單昂五鋪作斗栱，上檐為單抄雙下昂六鋪作斗栱，上下檐斗栱皆使用真昂，尚保存有唐宋建築的特點。而且上層屋蓋角部結構處理上，已經開始使用抹角榑，與唐宋的順梁做法也不同。這些都是金代碑亭在結構上的歷史意義。

八三　曲阜孔廟杏壇

在大成門與大成殿之間的庭院中心。原此地為孔廟殿屋所在地，宋天禧年間，擴大孔廟，將大殿移至北部，而在原址平整建為一壇，環種杏樹；名為杏壇，取《莊子》一書中所述『孔子游乎緇帷之林，坐休乎杏壇之上』的語意，很好地表現了作為教育家孔丘的『杏壇設教』的精神。至明代以後，又改建為碑亭式的建築。

八四　曲阜孔廟大成殿

大成殿為孔廟的主殿。其名取自《孟子・萬章》『孔子之謂集大成』一語，以表彰孔子之學問為集先聖之各種聖德而成。現存正殿為清雍正八年（一七三〇年）重建，平面尺寸為面闊四五・六米，進深二四・八米，九開間，十三檁，帶周圍廊，重檐歇山黄琉璃瓦頂。前檐柱為深雕雲龍石柱，後檐柱為八角形平鈒淺雕雲龍紋石柱。殿内正中供奉孔子像及神位，兩側是四配，為顔回、孔伋、曾參、孟軻之像，東西山牆為閔損等十二哲之塑像。

八五　曲阜孔廟大成殿前檐石柱

前檐盤龍石柱的石材為縣城近郊所產的石灰石。柱高六・一米，徑約八十五厘米。每柱雕升龍、降龍各一條，相對爭戲火珠。龍身周圍匀布雲朵，下部刻作海水山巒，如二龍騰飛在海天之中。龍身圖案深雕起突，在陽光照射之下形態突出，不論遠觀近賞，都產生十分滿意的效果。雕龍石柱成為孔廟的一大特色，并為顔廟、孟廟建築模仿的依據，在各國各地文廟中也有許多實例是采用雕刻石柱的。

八六　曲阜孔廟大成殿後檐石柱

後檐石柱為八角柱。采用遍鎸減地平鈒小幅雲龍圖案。減地平鈒雕法是一項傳統的雕法，是在平素的物面上，以極細的綫刻描繪圖案。如著名的漢代山東嘉祥武氏墓祠畫像石，即是采用這種手法。在宋《營造法式》一書中也將這種雕法列為建築石雕的四種技法之一。減地平鈒雕法的藝術形式美在于突出綫的裝飾性，在光潔的底面上，細細的白綫如流星劃空，針穿錦綉一般，具有流暢、匀布、纖柔的美感。

八七　曲阜孔廟大成殿石基及露臺

大成殿坐落在兩層漢白玉石須彌座上，其雕飾手法全為北京官式。臺基座前尚有一寬敞的露臺。古代祭孔大典時，在露臺上安排八佾樂舞。『佾』是舞人的行列，按《周禮》規定，天子樂舞用八佾，即八行，每行八人，共六四人樂舞生。因孔子尊為帝王，故其祭禮亦用八佾。

八八　曲阜孔廟大成殿臺基之陛石

八九　曲阜孔廟大成殿內景

殿內正中設孔子像及神位，面南而坐；兩旁是四配（顏、孔、曾、孟）之像設，東西相向而坐。東西山牆下設十二哲之像，各像皆安設像龕。大殿之梁架上尚懸有歷代帝王手書的各種匾額十餘方。

九〇　曲阜孔廟大成殿內孔子像龕

龕前設籩豆、案俎、香案及各種禮器、樂器等物，室內空間布置比較豐富。

九一　曲阜孔廟聖迹殿

該殿在寢殿之後，是孔廟的最後一進殿堂。殿內有石刻《聖迹圖》一二〇幅，表現孔子一生的事迹和活動。此圖原為宋人畫本，明代上石。可以說是我國最早的故事性的連環畫石刻。

九二　顏廟優入聖域坊

顏廟是紀念孔子弟子顏回的祠廟，又名復聖廟。在曲阜縣城之東北部，與孔廟相距僅數百米。顏回字子淵，家貧好學，是孔子最得意的弟子，歷來被尊為『四配』之首。原來顏廟在縣城之外，元延祐四年（一三一七年）才在顏回故里陋巷之北建立此廟。在廟前立有四坊，即廟左的『卓冠賢科』坊、廟右的『優入聖域』坊、廟南陋巷巷口的『陋巷』坊，和顏廟正門前的『復聖廟』坊。這四座石坊皆為明代作品，作風古拙有

力，布局組合緊湊，起到了標志入口，標榜賢行的作用。圖示為西面的『優入聖域』坊。

九三　顏廟復聖廟坊

九四　顏廟陋巷井亭

顏子故居陋巷內原有水井一座，建廟時將此井圈入廟內。該井亭為六角形單檐式，不用斗栱，以柱子直接承托檐檁。舉架用抹角梁法，做法簡略，為晚清風格。

九五　顏廟顏樂亭

在復聖殿前，院子中央。原為一井亭，後改建為樂亭。方形，單檐十字脊，綠色琉璃瓦頂。從布局上看，明顯是仿孔廟的杏壇之創意。

九六　顏廟復聖殿

是顏廟的正殿。面闊七間，重檐歇山頂，綠色琉璃瓦，較孔廟大成殿之形制稍遜一級。殿前四周廊檐柱皆為石柱，與孔廟之制度相同。尤以前檐明、次間四柱為雲龍高浮雕圖案，最為精美。而梢間、盡間的四柱則為減地平鈒刻法的升降龍紋樣。這樣的柱飾搭配更能突出建築中心地位。

九七　顏廟復聖殿後檐

後檐石柱皆為八角形。陰刻的圖案有牡丹、石榴、西番蓮、荷花、靈芝、菊花等各種花卉，交插映襯，手法嫻熟。

九八　顏廟復聖殿後檐石柱雕刻細部

九九 孟廟亞聖坊

孟廟是紀念孟軻的廟宇，又稱亞聖廟。在山東鄒縣舊城南門外路東。孟軻為戰國時鄒國人，受業於孔子之孫孔伋，著有《孟子》七篇。漢唐以後儒學倡興，推崇孟子為孔子的傳人，故儒學又稱孔孟之道。宋以後開始建造孟廟。現存孟廟占地三十六畝。今日規模建成於明弘治十年（一四九七年），但建築物大部分是清代建築。該廟自南至北共分五進院落。前三進是過院，安排有櫺星門、亞聖廟坊、儀門等，院內廣植松柏，葱鬱靜穆。後兩進院分為中、東、西三組。中院是主體建築亞聖殿，後為寢殿；東院為祭祀孟子父母的邾國公殿；西院為家廟及齋堂。圖示為廟前路西的亞聖坊，是進入孟廟的前導建築。

一〇〇 孟廟亞聖廟坊

原為櫺星門，為孟廟的大門。後因將廟前三坊用牆圍起，廟門南移，故將此門改稱亞聖廟坊。

一〇一 孟廟承聖門前庭院

一〇二　孟廟亞聖殿

為孟廟的正殿。七間，重檐歇山綠琉璃瓦頂。前設露臺。檐柱為八角形石柱。殿內奉安孟軻塑像，面南而坐，其弟子樂正克配享在東側。

一〇三　孟廟亞聖殿前檐石柱

柱下皆墊托巨大的石鼓及重瓣覆蓮柱頂石，外觀頗有笨重之感。南面八柱均為減地平鈒鐫法。其中尤以明、次間的四柱雕法最精，柱正面刻有飛魚兩條，其餘七面刻纏枝牡丹及西番蓮，綫條流暢、生動，疑為明代遺物。

一〇四　北京孔廟鳥瞰

孔廟位于北京市東城成賢街，是紀念古代大思想家、教育家孔丘的祠廟。從其規模來看，在全國孔廟中僅次于山東曲阜孔子家鄉的孔廟。它始建元大德六年（一三〇二年），明永樂、宣德、嘉靖，清雍正、乾隆、光緒歷代擴建重修，始成今日規模。該廟布局是沿中軸綫布置了先師門、大成門、大成殿及供養孔子父母的崇聖門、崇聖祠等。所有建築皆軸綫對稱，規整嚴肅。（張肇基攝影）

一〇五　北京孔廟先師門

先師門是孔廟的大門。面闊三間，單檐歇山黃色琉璃瓦頂。梁架部分經明清時期改建，但它的斗栱却异常巨大，明間用兩朵補間鋪作，次間用一朵補間鋪作，轉角斗栱用兩個大斗，宋代稱之為『纏柱造』。其做法比北京現存最古老的明長陵祾恩殿、社稷壇享殿等的斗栱都更早，可能是元代遺物，在北京是重要的文物建築。

一〇六　北京孔廟大成門

先師門北為大成門，門前有碑亭、省牲亭、井亭、神厨、致齋所等。大成門以其保有兩組珍貴石刻而著名，即門內的古代石鼓銘文及門前的進士題名碑。石鼓是公元前八世紀周宣王時代的遺物，用極古的文字在鼓狀石墩上刻出游獵古詩，為歷代帝王所重視的文物。清乾隆時將石鼓翻刻了復製品十枚，置於孔廟大成門內，以『公天下，惠後儒』。門前所立的元、明、清三代進士題名碑，共計一九六座，記載了三朝五一六二四名進士的姓名、籍貫及名次。它是研究明清科舉制度的珍貴檔案資料。進士題名始于唐代，當時皆刻于長安慈恩寺大雁塔下，故『雁塔題名』成為高中功名的代名詞。北京孔廟的題名碑刻，實為雁塔題名的延續。

一〇七　北京孔廟中心廟院

先師門北為大成門，進入大成門是孔廟

的中心廟院。院內青磚鋪地，翠柏參天，中間甬道直通大成殿。甬道兩側有十一座明清紀功碑亭，空間氣氛莊嚴肅穆。

一〇八　北京孔廟大成殿

甬道盡頭為孔廟主體建築大成殿。黃瓦、紅柱、漢白玉石臺基，中心御路上嵌刻著一塊七米長的大青石浮雕，圖案為飛龍戲珠，雲水翻騰。

一〇九　北京孔廟大成殿近景

大成殿始建于明永樂年間，光緒三十二年（一九〇六年）將原來的七間三進殿堂改建為九間五進的大殿。重檐廡殿頂，黃色琉璃瓦屋面，是傳統建築的最高等級。殿內設木龕，供設『大成至聖文宣王』的木牌位。兩側有孟、孔、曾、顏四配享的牌位，大殿兩山牆下尚有十二哲人的木牌位。

一一〇　北京孔廟除奸柏

孔廟內松柏成林，鬱鬱葱葱，風景優美。尤以大成殿前的古柏最為古老，傳為元代祭酒許衡手植，至今已歷時六百餘年。又因其枝椏曾將明代權奸嚴嵩的紗帽刮掉，故又稱之為除奸柏。

一一一　北京孔廟碑亭

在大成殿前甬道兩側有十一座紀功碑亭。東六西五，整齊排列。與曲阜孔廟碑亭排在大成門外的布置方式有所不同。

一一二　國子監成賢街牌坊

國子監位于北京北城成賢街孔廟之西。始建于元代，清乾隆四九年（一七八四年）重修擴建，是元、明、清三代國家的最高學府。嚴格講國子監是一座教育機構，本不是壇廟建築，但古代傳統習慣認為廟學合一，有孔廟必有學宮，二者聯為一體。同時乾隆時尊古興學，仿周明堂制度在監內建立辟雍建築，更增加了國子監的禮制色彩。國子監也是一座軸綫明確的古典建築，自南至北布置了集賢門、太學門、琉璃牌坊、辟雍、彝倫堂、敬一亭、御書樓等，辟雍兩側有聯廡的配房，各三十三間，是生員讀書的課堂，各有名稱，合稱六堂。國子監門外成賢街上建有四座牌樓，作為國子監及孔廟的標志。牌樓為雙柱三樓衝天式牌樓，規模雖不大，但造型穩妥，比例合宜，繁簡適度，是牌樓中的優秀設計。沿成賢街滿置槐柳，兩側朱門故宅，在廟前並有文武官員至此下馬的『下馬碑』。所以游賞在這條街道上，尚可領略舊時帝京的『朱坊重疊，青槐夾道』的風情景色。

一一三　國子監圜橋教澤坊

圜橋教澤坊是一座巨大的三券七樓琉璃磚牌坊。南面書鐫『圜橋教澤』，北面書鐫『學海節觀』，白基、紅牆、白玉券洞，黄綠琉璃貼面，黄色琉璃瓦頂，色彩斑斕，氣勢雄偉，是為辟雍建築之門户。通過牌坊北望辟雍，成為很好的框景建築。

一一四　國子監辟雍

辟雍是國子監的主體建築。建于乾隆四十九年（一七八四年）。是一座面闊三間四周有迴廊的重檐攢尖頂的方形建築，四面無牆，均裝木槅扇門。皇帝講學時，四周門扇卸除，通暢四達。辟雍建築建在一圓形水池之中，四面有石橋通達，池周及橋上皆立有漢白玉石欄杆。辟雍是按古籍稱西周天子在郊外設立的太學而建造，四周環水形如璧，故稱辟雍。其形為圓方相套的構圖。辟雍建成後，乾隆帝曾親臨講學，史稱『臨雍』。

一一五　國子監乾隆石經

共計有一九〇餘座石碑，滿刻經文，現立于太學門東側的東夾道内。是江蘇金壇貢生蔣衡一人抄寫的全部『十三經』，共計六

十三萬字，歷時十二年纔完成。乾隆五九年上石，立于太學，俗稱乾隆石經。古代儒生為傳布經學，早有刻經之舉，現存西安碑林內尚有一部唐代開成年間刻石的十三經。從規模繁巨的十三經刻石中，可見古代人民任重致遠，鍥而不捨、堅忍不拔的治學精神。

一一六　太廟琉璃牆門

太廟是明清兩代帝王祭祀祖先的地方。按『左祖右社』的古制安排在禁城中軸綫前方東側，與西側的社稷壇相對應。太廟始建于明永樂十八年（一四二〇年），嘉靖二十三年（一五四四年）重建，後又經萬曆、順治、乾隆歷代重修。太廟占地十三萬九千平方米。平面呈南北長的長方形。正門在南，有圍牆三層，外兩層圍牆間布滿蒼勁的古柏，樹齡達數百年。在第二層圍牆正南開設琉璃牆門，第三層設戟門。內院布置三層大殿，即正殿、寢殿及祧廟。兩側前後有配殿計二十一間。

太廟第二層圍牆十分高大，高九米，圍成一完全封閉的空間。站在外部林區，對廟內建築布局毫無察覺，加強了靜穆的感受。南牆正中開券門三道，因其矮于圍牆，故貼附牆上。券門仍是石基、紅牆、黃瓦，與圍牆形制相同，取得完全協調的效果。券門采用黃綠琉璃梁枋、斗栱，四角垂花，并將三洞聯為一體，形如七樓式磚牌樓。在平直呆板的圍牆上形成鮮明突出的優美造型，強調出太廟的中軸及入口。

一一七　太廟井亭

在戟門兩側，六角盝頂式，比例勻稱，造型優美。在盝頂中間留有空洞，以便天光照射在下邊的井口內，是比較典型的井亭形式。兩座井亭與金水河橋相互映襯，成功地起到了豐富建築群體空間藝術的作用。

一一八　太廟正殿

正殿面闊原為九間，清代改建為十一間。重檐廡殿頂，下築三層漢白玉石臺基，與故宮太和殿同屬一個等級，表明帝王對先祖的崇敬。每年孟春上旬、孟冬朔日行祭祖禮于此。祭時將寢宮中供奉的皇帝祖先牌位移至殿內，置于龍椅上，舉行所謂『祫祭』之禮，儀式十分隆重。太廟正殿的內檐亦十分特殊，主要梁柱皆包以沉香木，木構件皆用金絲楠木，用黃色白檀香木粉塗飾，天花板上貼以赤金花，整體色調黃褐，高貴淡雅，氣味馨芳，極富于哀悼、沉思、緬怀、敬仰的情緒特徵。正殿前設有巨大的庭院，可見祭祀時參祭人數之多，場面之輝煌。

一一九　景山壽皇殿

位于景山之正北，正當北京城的中軸綫上，北與地安門、鼓樓、鐘樓相接續。壽皇殿是乾隆十四年（一七四九年）仿照太廟的形制重建的，是專為供奉清代皇室祖先聖容繪像的地方。建築富麗，布局嚴謹，自成格局。該殿之前方留有一座廣場，廣場的南、東、西三面分別布置一座牌樓，這樣既保證廣場與周圍空間的融合聯係，同時又具有一定的空間圍合性。正門為隨牆而建的琉璃磚門三間，門內為五間戟門，後部為九間正殿，重檐廡殿黃琉璃瓦殿。殿前有寬大的月臺，月臺上有銅爐、瑞鳳、祥鹿等裝飾品。正殿兩側尚有耳殿相輔，東為衍慶殿，西為綿禧殿。此外尚有東西廡殿及神厨、神庫、碑亭、井亭等建築對稱地布置在前後院的兩側。正殿內設通聯的窗格式的聖龕七座，每逢元旦，將康熙、雍正、乾隆、嘉慶、道光、咸丰、同治等帝后的畫像挂在龕內，由皇帝致祭如儀。

一二〇　歷代帝王廟廟門

歷代帝王廟位于北京西城阜內大街，是明清兩代祭祀歷代帝王的地方。原為保安寺遺址，明嘉靖九年（一五三〇年）改建為廟，清雍正七年（一七二九年）重修。廟前有磚砌琉璃瓦歇山頂照壁一座，廟門內東側有鐘樓一座。正北為景德崇聖門五間，前後三出陛，欄以紅牆。門內為主殿景德崇聖殿九間，殿左右有御碑亭，東西有配殿各七間。此外，在廟的東西部尚安排了神厨、神庫、宰牲亭、井亭、關帝廟、祭器庫、遣官房、齋宿房、執事房、典守房等。除正殿及御碑亭用黃色琉璃瓦外，其餘房屋均用黑琉璃瓦綠剪邊屋面。

一二一　歷代帝王廟正殿

是廟內主體建築，名景德崇聖殿。面闊九間，重檐廡殿黃琉璃瓦頂，下襯漢白玉石臺基，十分雄偉壯觀。在康熙皇帝時曾詔定祭典，上自伏羲，下至明代的歷代帝王，除無道亡國之君外，共一四三位，皆可奉主入廟，享受祭奠。反映了清代帝王對中華民族大融合的積極態度。

一二二　蘇州文廟大成殿

始建于宋代，為北宋政治家范仲淹所建，而且將府學與文廟合在一起建造，形成左廟右學的形制，并為全國州縣所仿效。該

廟大成殿重建于明宣德八年（一四三三年）。面闊為五間，重檐廡殿，黃琉璃瓦頂。翼角高翹，屋脊透空，表現出典型的南方殿堂建築的藝術風格。廟內保存有宋代的平江府城圖、天文圖、地理圖、帝王紹運圖等重要石刻。其中的平江圖是用綫刻的辦法將南宋時期平江府（今蘇州市）街坊、河浜、城牆、衙署、寺觀描刻出來，采用了平面圖與立體圖相結合的方法來表現，可稱之為我國最早的城市規劃圖之一。

一二三　蘇州文廟欞星門

一二四　嘉定孔廟仰高坊

始建宋代，目前的格局仍保留有原意。廟南端設立『仰高』坊一座，其北為帶形廣場，左右各有牌坊一座，在廟前形成圍合空間，這種以牌坊圍合的布局在傳統建築中是很有意思的處理手法。再北為欞星門、大成門，進門為大成殿。嘉定孔廟的布局代表縣級孔廟的規格與布局特徵。

一二五　嘉定孔廟欞星門前泮池

一二六　嘉定孔廟大成殿內景

大成殿雖為清光緒年間重修，但部分梁架仍保存有明代風格。殿堂內部空間軒敞，上懸『万世師表』巨匾。孔子像龕亦作成亭閣建築模樣，莊重大方。

一二七　資中文廟

四川資中縣文廟始建于北宋，清道光九年（一八二九年）遷址重建。文廟軸綫上安排有欞星門、泮池、大成門、大成殿等四進院落。兩側尚有鐘鼓樓、廡房、鄉賢祠、名宦祠等建築。圖示的照壁為欞星門外的倒座照壁，長一九・七五米，高六米餘，壁牆上橫排有七個圓形空窗，每窗內皆有亭臺樓閣等景物的雕塑，成為突出的裝飾物。牆頂覆以琉璃瓦，游龍通脊，十分宏大華麗。

一二八　天津文廟府廟欞星門

天津文廟位于舊城東門內。始建于明正統元年（一四三六年），歷經明清兩代重修擴建。清雍正年間，天津府、縣同設治所于城內，故天津文廟亦為府廟與縣廟兩座并立而建，這樣兩廟聯建的實例在國內少見。東側為府廟，西側為縣廟。同樣均有照壁、泮池、欞星門、大成門、大成殿、崇聖祠及配殿等全套文廟內容，建築群的總進深亦相同，所不同的是府廟建築為黃色琉璃瓦頂，而縣廟為青色布瓦頂，以示區別。

一二九　天津文廟府廟大成殿

府廟大成殿為七開間大殿，單檐歇山黃琉璃瓦頂，月臺寬大，建築精美。圖示的左方為隔壁并列的縣廟大成殿，單檐布瓦頂，開間為五間，等級稍遜府廟一籌。

一三〇　解州關帝廟雉門

解州關帝廟位于山西運城市解州鎮。始建于隋代，現存廟貌為清康熙四十年（一七〇一年）火焚後重建的。此廟為紀念三國時蜀將關羽之祠廟。關羽一生以忠義著稱，宋代追封為『武安王』。明代更加封為『協天大帝』。在人民心目中極受崇敬，幾乎可以與儒家聖人孔子并列，視為武聖人。解州為關羽故鄉，此廟占地近七公頃，是全國各地關帝廟中規模最大的一處。

此廟規制兼采宮殿與宗廟的形制。按南北軸綫安置了端門、雉門、午門、御書樓、崇寧殿、春秋樓等系列建築。在端門之外左右設鐘鼓樓及萬代瞻仰坊，威鎮華夏坊。主軸綫之左右還有若干附屬建築及東西花園。東側有葆元宮、三清殿、崇聖祠；西側有長壽宮、永壽宮、道正司等。大路之南正對主軸綫尚有象徵劉關張桃園結義的結義園。

一三一　解州關帝廟鐘樓

關帝廟的主要入口是從東西進入，至中軸綫的端門雉門之間，轉而向北進入主軸綫。在東西軸綫的兩側安排了石坊兩座，稱萬代瞻仰坊及威震華夏坊。進入坊門後又安排了左鐘右鼓二樓。二樓形制相同，下為單券磚臺門洞，上為重檐歇山樓閣。由于這樣的安排，使得游人未入廟之前即已感受到廟宇雄大的氣勢。

一三二　解州關帝廟崇寧殿

該殿在御書樓之北，是祀奉關羽的主殿。因北宋徽宗趙佶封關羽為『崇寧真君』，故名。現存建築建于清康熙五七年（一七一八年）。殿前左右有碑亭鐘亭對峙，焚爐、鐵獅、旗杆、力士，以及臺基上的青龍偃月刀等都充分顯示了關羽的威武氣概。殿身面闊七間，進深六間，周圍廊，重檐歇山式屋頂。廊柱皆為石雕盤龍柱，粗獷有力。殿內正中設關羽像龕，龕上有康熙手書的『義炳乾坤』巨匾，檐下還有乾隆欽定的『神勇』二字。

一三三　解州關帝廟春秋樓

位于關帝廟後院的北部，相當于廟宇的後寢建築。樓內塑有關羽坐觀《春秋》的像，因而得名。《春秋》又名《麟經》，故該樓又名麟經閣。該樓實為一綜合群體，樓前有氣肅千秋木製牌坊一座，坊後左右分置二樓，名刀樓、印樓，正面設置了春秋樓。該樓面闊七間，進深六間，兩層三檐九脊歇山頂，總高達三〇米，氣勢雄偉壯觀。春秋樓結構奇巧，兩層之間設有平座一層。上層迴廊檐柱插立在平座挑出的垂蓮柱上，垂柱空懸，增加樓閣的浮空輕盈之感。這在古代樓閣建築中是不多見的實例。登樓遠眺，全解州鎮風光盡在眼底。

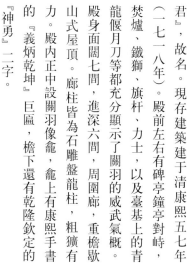

一三四　二王廟入口遠眺

秦昭王時李冰任蜀郡太守，率衆興建了我國歷史上著名的水利工程——都江堰，設堰引岷江水入內江，鑿通寶瓶口流入川西平原，形成『水旱從人，不知飢饉』的良田沃野。後人為紀念李冰父子治水之功績，在四川灌縣都江堰東北，玉壘山麓建『二王廟』祭之。廟名原稱『崇德祠』，宋以後歷朝封李冰父子為王，故改稱二王廟。現有建築皆為清代所建。

二王廟建築是依山臨江而建，地形高差極大，勢必不能按傳統手法呈縱向軸綫展開的布局。祇能就坡取勢，高低錯落，采用較為自由的布局，在中心部位形成以戲樓、王廟門、李冰殿、二郎殿，以及高處的老君殿的軸綫主體，而兩廂布置則較自由活潑。二王廟建築最大成功處在于巧妙利用地形。

一三五　二王廟澤濩兩渠門

二王廟入口處的高差達一九・五米，不可能直接開設山門，而改為由兩側安排『之』字形上山道路，沿途安排了三道山門及樂樓、青龍殿、白虎殿、觀瀾亭、靈官樓等建築，最後轉入主軸綫上的李冰殿。這樣既解決了高差過大的困難條件，又豐富了朝拜觀賞的內容，加強了入口的引導性，趣味油然而生。『澤濩兩渠』門與『玉壘仙都』門是二王廟的第一道山門，分設在南北兩個方向。該門形制類似五樓式牌坊，但比例瘦長，裝飾華麗，十分醒目。

一三六　二王廟王廟門

過玉壘仙都門轉而正東，為第二道山門——『王廟』門。它建在高高的坡地上，門前的大踏步一直伸入廟門中，稱為『納陛』。廟門為三層兩檐樓閣式樣，兩側夾屋亦為兩層，正面望去像一座戲臺。

一三七　二王廟觀瀾亭

進王廟門後登數級臺階，又急轉向北，繼續登山。在這轉角處有兩項精彩的建築處理。一為對王廟門的石壁上建立一座兩層樓閣，稱觀瀾亭，欄楯纖柔，翼角飛揚，臨亭西望，透過王廟門可見岷江主流及珠浦長橋，景色浩瀚壯麗；同時，觀瀾亭又是進入王廟門的極佳對景，本身兼有對景、望景雙重功效。一為在轉折處的南壁上，書刻上李冰治水的口訣『深淘灘，低作堰』六個大字。這項處理不僅點出了紀念建築的主要意匠，增加建築景觀的文化因素，同時也成為自前面靈官樓下山時的重要對景。

一三八　二王廟靈官樓

過觀瀾亭繼續登山，對面為靈官樓，供奉王靈官。在道教中靈官是護法神，類似佛教中供養的四大天王。靈官樓是兩層的過街樓。此樓不但在整條朝拜綫上起到過渡引導作用，而且也是游人休息駐足之處。

一三九　二王廟山門

過靈官樓，轉向正東，為二王廟的真正山門，也是第三道山門。該門建立在陡峻的坡地之上，一溜長長的石臺階，一直穿入廟門，進入廟內的庭院中。這種『納陛』的手法，即是將臺階藏納在建築物之中，是山地建築常用的手法。它可配合建築物正反兩面選用不同標高的入口，可以解決繁雜地形交通問題。山門造型為牌樓式，貼于一座兩層的群樓上，三層五檐，黑漆金字，再配以樓前排排松樹高聳，十分莊嚴穩重。山門背面為一戲臺，即是戲臺座于入口之上，這也是道教宮觀常用的手法。

一四〇　二王廟李冰殿

為二王廟的主殿。七開間，兩層樓，歇山頂，周圍廊式。該殿進深甚大，為了避免屋頂過高，采用了前後兩座屋頂勾連搭式構造。該殿前廊甚寬，闊為三步架，船篷式軒頂，成為朝拜的過渡空間。該殿檐下撑栱雕刻十分華麗，采用雲龍透雕方式，具有濃重的四川地區裝飾特色。

一四一　二王廟李冰殿前磚塔

『塔』本是佛教建築類型，但在古代各种文化交融的過程中，它也被道教所吸取，往往作為裝飾物設在宮觀之前，而且其裝飾手法更為華麗多變。

一四二　二王廟李冰殿後檐廊

一四三　二王廟李冰殿屋頂處理

該殿體量巨大，進深尺寸亦十分深長。為了避免形成過高過大的坡形屋面，造成壓抑沉重的建築外觀體量，而將屋頂分割為前後兩部分，相互勾搭在一起，既分割了體量，減少了屋面高度，又形成錯落有致的屋面外觀，是一項成功的設計。

一四四　司馬遷祠全貌

漢太史公司馬遷是我國古代偉大的史學家、文學家，著有歷史巨著《史記》。西晉時即在其家鄉龍門夏陽（今陝西韓城）建有祠廟，經歷代修建，至今猶存。該祠建于城西南芝川鎮的南坡，整座建築雄踞半嶺之上，依地形而建。坐西面東，東眺黃河，西枕梁山，北為陡壁，氣勢雄偉，登臨此地，不禁使人心胸開闊，浮想聯翩。自山坡拾級而上，須經四個臺地纔能到達廟院。廟院中心為獻廳及寢殿。殿後為司馬遷的墓冢。中國古代祠墓合一的實例不少，多數漢墓墓前即建有祠堂。祠墓合一布局可以增強祭祀建築的肅穆氣氛。

一四五　司馬遷祠磚門坊

自大路登祠首先經過第一臺地，建有『高山仰止』一柱木牌坊一座作為先導。第二臺地建有山門一間。第三臺地則建有『河山之陽』的磚作門坊，作為行進中之過渡小品建築。

一四六　司馬遷祠廟門

第四臺地即為廟院主體，周圍臺壁皆為大青磚甃砌，并有女牆圍護。廟院的正門標有『太史祠』門額。司馬遷祠中的山門和廟院內的寢殿是難得的遺存至今的兩座宋代建築，其大木構架及細部手法尚存古代原意，建築史上有重要價值。

一四七　武侯祠前院

武侯祠是紀念三國時蜀漢丞相諸葛亮的祠廟，建于成都市南門外，與紀念劉備的昭烈廟合建一處，俗稱之為武侯祠。現存殿宇建于清康熙十一年（一六七二年）。前部為昭烈廟，計有前殿及劉備殿，左右配以文臣廊、武將廊。後部為武侯祠，左右鐘鼓樓。前後兩部分之間以過殿分隔之。祠廟西部為一園林，圍繞荷花池四周建有桂荷樓、琴臺、船舫、水榭等。再西部為劉備墓地。

圖示為劉備殿前的主庭院，庭院兩側的廊廡内分列龐統、簡雍、費禕、蔣琬等十四位文臣，及趙雲、馬超、姜維、黄忠等十四位武將之塑像。

一四八　武侯祠劉備殿

是祠廟的主殿。殿前松柏森森，寬敞靜穆。東西尚有偏殿，分祭關羽与張飛。

一四九　武侯祠劉備殿內景

殿內中央塑劉備塑像。大殿上方懸挂『業紹高光』巨匾。東西壁有近人沈尹默書《隆中對》，及岳飛書《出師表》木刻，書法精良。

一五〇　武侯祠過殿

是廟與祠的過渡建築。為了表明『君尊臣卑』的封建等級思想，故過劉備殿後，倒下臺階十數步，建立低矮的三間過殿。同時在過殿後加大進深，接建抱廈一座，使得後部的諸葛亮殿完全被遮掩起來。祇有進入過殿纔能望見，這樣就很好地處理了主次、君臣關係，而且使得整體建築群產生抑揚頓挫的視覺變幻感受。

一五一　武侯祠諸葛亮殿

殿內塑諸葛亮像，兩側配以其子諸葛瞻、其孫諸葛尚的塑像。檐下懸『名垂宇宙』匾額。在武侯祠的各處殿堂留下的歷代名人聯對甚多。例如二門的『唯德與賢，可以服人，三顧頻煩天下計；如魚得水，昭茲來許，一體君臣祭祀同』。過廳的『時艱每念出師表；日暮如聞梁父吟』。尤其是諸葛亮殿前檐廊下的名對『能攻心則反側自消，從古知兵非好戰；不審勢則寬嚴皆誤，後來治蜀要深思』，更是膾炙人口的佳作。

一五二　武侯祠諸葛亮殿屋頂上泥塑裝飾

一五三　武侯祠諸葛亮殿鐘樓

一五四　武侯祠桂荷樓

一五五　杜甫草堂正門

杜甫草堂是唐代大詩人杜甫避亂入蜀時的故居舊址，在成都市西門外浣花溪畔，後經歷代修繕整理，成為一處景致絕佳的園林式的紀念建築。其中除了主體祭祀建築以外，又將杜甫詩中所提及的花徑、柴門、水檻等景致再現于園林中，詩趣盎然。杜甫草堂的中軸綫建築有大廨、詩史堂、柴門、工部祠等。東北部有草堂碑亭，西部有水檻。草堂內翠竹千竿，楠樹成林，春時花卉爭艷，自然環境極佳。

一五六　杜甫草堂柴門

一五七　杜甫草堂工部祠

是杜甫草堂的主體建築，祠內供奉杜甫像。因杜甫曾任工部員外郎，故亦稱杜工部，因而名其祠。該祠面闊三間，懸山小青瓦頂，建築體量亦小，簡單樸素，仍保留著民居的風格，以表現杜甫作為布衣詩人的精神面貌。

一五八　杜甫草堂『少陵草堂』碑亭

在工部祠的東邊，是一座平面為正六角形草頂攢尖亭子，亭中有『少陵草堂』石碑一通。『安史之亂』後，杜甫客居成都，在浣花溪畔結茅為屋居住達四年之久。在此地杜甫作詩達二四〇首之多，其中《茅屋為秋風所破歌》即作于此草堂。

一五九　杜甫草堂花徑

杜詩《客至》一首中，曾有『花徑不曾緣客掃，蓬門今始為君開』之句。今日花徑景點即遵詩人原意而創作。

一六〇　杜甫草堂花徑紅牆

花徑位于草堂東部，是一道曲折的小徑。兩側一帶紅牆夾峙，春日草繁似錦，色彩斑斕，探枝垂條，夾牆怒放，故稱『花徑』。

一六一　杜甫草堂水檻

『水檻臨溪』是詩人對其故居草堂描述的景色之一。現有的水檻横架在詩史堂以西的小溪上。背臨水池，建築作敞廳式，柱間設憑欄休息用的美人靠欄杆，空透輕盈。水檻四周遍植緑竹，青翠欲滴。小溪兩岸緑樹成蔭，檻榭枕流，水光倒影，珍禽飛鳴，杜甫詩意，沛然再現。

一六二　三蘇祠大門

三蘇祠是紀念唐宋八大家中蘇洵及其子蘇軾、蘇轍的祠廟。明洪武年間將在四川眉山縣的三蘇故居改建成祠廟，清康熙四年（一六六五年）重建，同治、光緒年間續有改建。三蘇祠東西北三面環水，樹木森茂，環境優雅。中心軸綫建築有大門、正門、大殿、啓賢堂、木假山堂、來鳳軒及兩廂等。四周結合水面樹木布置了一系列園林建築。表現了民間祠廟的開放性與自由活潑的風貌。

一六三　三蘇祠二門

為敞廳式建築，前廳後廊。後檐壁兩側懸有門對一副，『一門父子三詞客，千古文章四大家』，表彰了蘇氏父子在文學上的業績。

一六四　三蘇祠正殿

面闊三間，硬山頂，高大軒昂，形式簡單樸素，没有過多的裝飾。殿内設蘇氏父子塑像。

一六五　三蘇祠正殿前檐

一六六　三蘇祠啓賢堂

一六七　三蘇祠木假山堂

啓賢堂與木假山堂實為一座建築，前堂稱啓賢堂，轉過太師壁式隔斷，轉入後堂稱木假山堂。此堂面北，與後部來鳳軒之間有一水院。周圍水廊環繞，中間水廊橫跨，園林氣息甚為濃厚。而且空間穿插交融，形象更為豐富多變。在木假山堂中安置了一座木化石盆景，故建築以此命名。

一六八　三蘇祠披風榭

在祠院之西北部，臨水而設。為重檐歇山式的一座亭式建築。與池中央的百坡亭相呼應。

一六九　三蘇祠百坡亭

坐落在荷池中央，跨水而建。為八角攢尖式涼亭，兩翼接建廊橋，東與快雨亭相聯，西有路相環。該亭為西部園林的呼應建築，打破了水體過長的弊端。

一七〇　晉祠聖母殿

晉祠在山西太原西南二五公里懸瓮山下，為晉水的發源地。晉祠始建于北魏，為紀念周武王次子叔虞而建，因叔虞封國稱唐，古稱唐叔虞祠，又因其在晉水之源，又稱晉祠。晉祠經歷代擴建而形成了一個綜合性的紀念及宗教建築聖地，其中包括中部以聖母殿為主體的一組建築，東部的唐叔虞祠、關帝廟、東岳祠、文昌宮，西部的駘臺廟、公輸子祠、水母樓、三聖祠、晉溪書院等。其中以聖母殿及獻殿最為古老。祠內尚有難老、善利二泉，周柏隋槐，唐太宗御撰碑，聖母殿內宋代侍女像等多種古迹珍品。

聖母殿建于宋天聖年間（一〇二三年至一〇三二年），是紀念唐叔虞的生母邑姜的祠廟，距今已有九百餘年的歷史。該殿面闊七間，進深六間，重檐歇山頂，黃綠琉璃瓦剪邊屋面，四周建圍廊，即《營造法式》中所謂的『副階周匝』形制。此殿斗栱用材較大，補間鋪作僅用一朵，角柱生起側脚明顯，屋頂起翹柔和，這些都是唐宋建築的特色。晉祠構架最特殊之處是前廊部分十分寬大，進深達兩間四椽，以兩層組合的梁栿來承托上檐的荷重，這種做法在古代建築中少見。此外，該殿前檐八根檐柱柱身，皆用木製盤龍纏繞，氣象生動，亦為難得的實例。

殿內正中龕內供奉聖母像，兩側及兩山牆皆有供養的侍女像，共四十二尊。這些雕像體態自然，比例適度，眉目有神，神態各异，表現出宋代雕塑大師的精湛功力。

一七一　晉祠魚沼飛梁

聖母殿前的魚沼為晉水三泉之一。為了軸綫直達聖母殿，同時又要溝通兩側的善利、難老兩泉，所以在沼上建造了一座十字形的橋梁，稱為飛梁。北魏時期酈道元所著的《水經注》中就提到了在晉祠『結飛梁于水上』，說明此橋建造甚早。此橋結構是在池水立石柱三十四根，柱上置木造斗栱、梁枋，架設橋面，設立石欄。十字橋面的中央為抬高的平橋，連接獻殿与聖母殿前庭，東

西橋面則呈傾斜狀垂至池沿，形成有高差的十字形，如鳥翼翩翩欲飛。魚沼飛梁設計巧妙，與聖母殿前廊結為一體，相當于殿前月臺。同時其形制古老特殊，在中國橋梁史上亦占有重要位置。

一七二　晉祠獻殿前牌樓

一七三　白帝城

位于四川奉節縣瞿塘峽口地勢險要的山坡上。三國時蜀漢劉備伐吳失敗，退守白帝城，後病危時詔諸葛亮來此地托孤與他。圖示為白帝城中的明良殿，為明嘉靖三十七年（一五五八年）改建。祭祀『一代明君』劉備及『忠貞良臣』諸葛亮、關羽、張飛，故名明良殿。該殿較高敞，外貌樸素簡潔，面闊三間，通開直欞槅扇門。殿內外匾聯皆為表彰劉備君臣功績的內容。

一七四　史公祠大門

史公祠是祭祀明末抗清的民族英雄史可法的祠堂，位于江蘇省揚州市。該祠由兩部分組成，西側為祠堂，東側為墳墓，是祠墓合一的建築物。當初史可法在揚州遇難，遺體無存，故此墓僅為其衣冠冢，藉以表達揚州軍民對英雄的哀思。

一七五　史公祠享堂

在東側墳塋之前設立享堂一座。享堂四周有迴廊圍繞。建築簡單樸素。建築明間抱廈微微突出，其屋頂抬高并做成歇山屋頂，使享堂的立面更為豐富有致。

一七六　杭州岳廟

位于浙江杭州西湖北部棲霞嶺下，是紀念抗金英雄岳飛的祠廟。南宋隆興元年（一一六三年），岳飛之冤案昭雪之後，將其遺骸改葬于此地，後建成祠廟。現存建築為清代建築。岳廟分為兩部分，東為忠烈祠，大殿中供奉岳飛坐像；西為啓忠祠，原祀岳飛父母，後改為陳列室。岳廟之西尚有岳飛墓，墓前有秦檜夫婦、張俊、万俟卨四人的鐵鑄跪像，表示了人民對忠奸毀譽的愿望。圖示為忠烈祠大殿外景。

一七七　古隆中

位于湖北襄樊市襄陽城西隆中山東，三國時為諸葛亮的故居。唐代時建武侯廟，後屢毀屢建，現存多為清代建築。計有三顧堂、武侯祠、三義殿、草廬亭、抱膝亭、六角井、野雲庵等。此外，附近尚有躬耕田、半月溪、老龍洞、梁父岩等風景名胜，是一處祠廟兼風景區的勝地。圖示為三顧堂的外景。該堂兩側廊廡中嵌有諸葛的部分遺作，如《隆中對》、《梁父吟》、前後《出師表》等的石刻及名人題記。

一七八　張良廟牌樓

張良廟位于陝西留壩縣紫柏山，是紀念漢初功臣張良的祠廟。張良字子房，佐劉邦爭得天下以後，謝辭封祿，歸隱于紫柏山中。現存廟宇為清康熙二二年（一六八三年）重建。張良廟由兩組建築組成，一為三清殿院，是為道觀建築，包括有靈官殿、鐘鼓樓、藥王殿、財神殿、觀音殿、娘娘殿及主殿三清殿，是一組規模較大的宗教建築；一為大殿院，包括有二山門、拜殿、寮房、正殿，是祠廟建築的主體。張良廟入口處理十分特殊，高寬約九米的青磚牌樓式樣，單券三樓，歇山頂，正中門額上鐫刻『漢張留侯祠』。進入牌樓後有一橋跨溪而建，名『進履橋』，過橋為大山門。磚牌樓、進履橋、大山門組成該廟的序曲建築群。

一七九　張良廟正殿

為三開間歇山頂建築。面積雖然不大，但裝飾异常華麗。屋頂九脊皆為花磚嵌刻，輪廓綫豐富多變。梁枋彩繪。雀替為懸帳形式，抱于柱側。四根檐柱全有聯對懸挂。建築氣勢軒昂壯觀，表現了清代後期建築的裝飾主義傾向。

一八〇　包公祠正門

包拯，廬州（今安徽合肥市）人，是宋代的著名清官，執法嚴明，鐵面無私，關心民苦，廉潔奉公，備受人民崇敬。為紀念包公，在明代建包公祠于合肥包河島上。現存建築為光緒八年（一八八二年）重建。包公祠規模不大，僅一進院落，正房即祠堂，內供包公塑像。室內裝飾除楹聯、匾額及包拯家訓碑外，別無處理。簡單樸素正是包公為人風格的體現。圖示為祠宇正門，以大面積的素牆朝外，石框門洞，豎額一幅，十分簡潔大方。

一八一　包公祠祠堂庭院

院子周圍有迴廊一周，聯通左右兩廡。院內青磚鋪地，僅降低一階，簡易平和。除檐下撐栱稍加雕飾外，其外各處皆無雕鑿。

一八二　林則徐祠入口

林則徐是清末的政治家。道光十八年（一八三八年）被任命為欽差大臣，赴廣東查禁鴉片。次年與總督鄧廷楨協力收繳鴉片二三七萬斤，在虎門當衆銷毀。一八四〇年英軍入侵，爆發了鴉片戰爭。後因受投降派誣陷被革職充軍，一八五〇年病逝。人民為永久紀念這位民族英雄，遂將其福州舊居改建為林則徐祠，以兹祭奠。

該祠布局共分三進院落。進大門以後為第一進院落，兩側為敞廊，巨石墁地，道旁置石人石獸，氣氛肅穆井然。進二門後為第二進院落，院中建碑亭一座，道路至碑亭前折而右轉，正對第三進大門。門內為祠堂正堂，為三開間帶前廊的敞廳建築。與正堂并列尚有內庭紀念廳一座，為原林則徐故居的建築，內庭庭院內疊石植樹；并砌有水池，將園林造景手法引入祠祀建築中。

一八三　林則徐祠正堂

林則徐祠的主體庭院是一簡潔的四合

院。兩則為敞廊，中央為正堂。正堂為三開間敞廳，地面鋪裝巨大的石板，平面簡潔，空間開朗。其裝飾重點放在檐下替木和垂花柱的木雕上，此外，馬頭山牆及牆肩粉塑亦十分有特色。

一八四　林則徐祠正堂内景

一八五　文天祥祠

位于北京北新橋南，府學胡同西口，是紀念南宋抗元民族英雄文天祥的祠廟。文天祥抗元失敗後，被擒解送大都（今北京），就囚禁在此地一個土室中，堅貞不屈，于至元十九年（一二八二年）就義于柴市，死年僅四十七歲。被囚期間曾在獄中寫下《正氣歌》一首，表現出偉大的愛國主義熱情及崇高的民族氣節。其中最後兩句為『人生自古誰無死，留取丹心照汗青』，更是膾炙人口的名句。文天祥祠包括有大門、前廳、正殿三座建築；沒有配殿。正殿為三間硬山布瓦頂，建築風格樸素典雅。祠內尚存棗樹一株，傳為文天祥手植。整座祠廟簡樸淡雅，充分代表了一代英豪高風亮節的精神氣質。圖示為正殿建築。

一八六　米公祠

米公祠建于湖北襄樊市西南隅，是紀念北宋著名書畫家米芾的祠宇。米芾，字元章，自號襄陽漫士，能詩文，擅書畫。與蘇軾、黃庭堅、蔡襄並稱為宋代四大書法家。米家世居太原，後遷居襄陽，明代在其故居的基礎上改建米公祠，清同治年重建。米公祠的正門為屋宇式大門，正面三間并附有左右耳房。但其前檐牆的處理頗具匠心，它是一座四柱三樓的牌坊門懸塑在正門入口上方，既非垂花門，又不是牌坊門。是各類門坊的綜合體，具有清新的創意。圖示為米公祠正門。

一八七　游定夫祠鳥瞰

游酢，字定夫，為北宋著名學者。福州建陽人，曾歷任監察御史等職。其後人遷居延平之吉溪（今福建南平市大風鄉），并于元延祐五年（一三一六年）建祠紀念先祖。現存祠堂為清道光年間重建，建築樸素高敞，木料多為本色，無複雜的雕飾。

一八八　游定夫祠正廳內景

正廳面闊三間，內部空間軒敞。室內梁架采用徹上明造的方式，以增加室內空間高度。室內色彩素雅，內牆粉白，木植顯露木材本色，清雅大方。

一八九　李綱祠

位于福建省邵武市，是紀念宋代抗金名將丞相李綱的祠堂。該祠始建于南宋淳熙年

間，以後屢有興廢，現存建築為清代建築。祠內尚保留有不少名人題咏墨迹，如朱熹、林則徐等人。李綱祠十分簡單樸素，僅有一院。圖示為其入口全景。

一九〇　楊升庵祠内亭亭及杭秋舫

楊升庵祠位于四川新都縣城西南角，是紀念明代愛國者、大文學家及博物學家楊升庵的祠宇。楊升庵為新都人，明代正德年間的狀元，官授翰林院修撰兼經筵講官。後因廷諫嘉靖皇帝而被責，謫戍雲南永昌衛（今保山縣），時年三十七歲。在雲南期間著書立説，成文四百餘種，内容遍及經、史、文、詩、音韵、詞曲，以及天文、地理、醫藥、動物等方面，為明代第一位博學大家。終年七十二歲，老死戍所。

升庵祠實為一座園林式的祠堂，圍繞祠堂布置了大片的水面、島嶼、亭榭等。其主要建築布局是以城西南角的桂湖為基礎，在湖中經營出若干島嶼，將升庵祠布置在其中一座較大的島上，坐東朝西，不拘一格。桂湖為緊靠南城牆的一道狹長的水面，為減少它的修長感，在湖中修了三個島嶼，象徵一池三山的傳統神話立意。并配合以建築物，使水面劃分為東、中、西三湖，水面有分有聚，隱映穿插，錯落有致，是一座較成功的園林。

圖示的内亭亭及杭秋舫位于升庵祠之南，臨中湖与東湖之間，是桂湖的主要點景建築。杭秋舫建于道光十九年（一八三九年），横跨水面之上，就像一條秋天航行的船舫，金風送爽，桂子飄香，情景并存，饒有佳趣。

一九一　楊升庵祠交加亭

在大門入口之右方，臨于中湖。兩座八角亭相依而建，兩柱共用，一亭在岸，一亭跨水，高低錯落，渾然一體。此處賞荷為桂湖之最佳處，故有『看花多上水西亭』的匾額。

一九二　范公祠

位于江蘇蘇州天平山南麓，是宋代范仲淹的家祠。范仲淹為宋代著名的政治家、文學家，官拜龍圖閣直學士，協助夏竦經略陝西，守邊數年，西夏不敢犯境。仲淹內剛外和，志向遠大，以天下為己任。其名篇《岳陽樓記》中所撰述的『先天下之憂而憂，後天下之樂而樂』的名句，更是膾炙人口。該祠堂平易近人，平和流暢，結合山地形勢布置出園林小院；并以天平山的山形水色為依托，以湖泊為近景，使建築完全融匯在大自然的環境中，反襯出范仲淹一生的忠貞、高義、風雅的情懷品德。圖示為祠堂的正廳，廳堂之前方布置有池塘小橋，氣氛寧靜素雅。

一九三　天津天后宮

又稱天妃宮、娘娘宮。位于天津舊城東北角，南北運河與海河交匯的三叉河口西岸。天后為紀念福建莆田湄州島的一名漁民女子，名叫林默的。傳說該人死後為神，平波息浪，救護海上漁民的安全，故東南沿海一帶的城鎮多建有天后宮，是平民崇信的地方神祇。元代南糧北調，故沿大運河的城鎮中亦多建有天后宮，是船户的信仰中心。天津海河歷來為糧船的中轉站，俗稱『曉日三叉口，連檣集萬艘』，運業十分繁忙，故建有天后宮，以延香火。宮內為歷代船工海祭中心，也是船民集會娛樂之所。每逢農曆三月廿三日為天后誕辰，宮內舉行皇會，舞燈、高蹺、旱船、弄獅等民間游藝活動，通宵達旦，熱鬧非凡。同時宮南、宮北大街亦是天津著名的集市貿易場所和年貨市場，届時出售金魚、空竹、風箏、楊柳青年畫、絹花、鞭炮等各色應時工藝品，花色繁多。宮內建築呈軸綫布置，計有旗杆、山門、鐘鼓樓、東西配殿、大殿等數座建築。該宮雖始建于元代，但現存的建築多為清代以來重建、擴建的。建築雖然較晚近，但其在民間信仰、風俗學及交通航運史方面亦有相當的史證價值。

一九四 寶綸閣局部仰視

寶綸閣位于安徽歙縣呈坎鄉，是明代羅東舒家祠堂的最後一進樓閣建築，建于明代萬曆年間，是專門珍藏皇帝欽賜恩綸所建築的。羅氏宗祠共有三進房屋。門前有八字照壁；大門與欞星門之間的庭院左右各建碑亭一座；欞星門後為享堂；再後即為寶綸閣。該閣高兩層，進深七檁，面闊十一間，東西各端為樓梯間。閣前圍有青石雕花石欄，欄板邊飾隱起雷紋、迴紋，中央為古玉紋飾。前檐為方柱，拱形月梁，具有明代建築風格。

一九五 寶綸閣內檐彩畫

其彩畫仍為明代原作，與北方彩畫風格不同，其基本構圖為錦紋包袱式彩畫。以木黃色的木地為基調，彩畫部分則以棕、黑、靛青等色為主色，間以朱紅、淡黃、石綠等鮮亮顏色，使室內空間更覺明快、高雅。錦紋圖案多種多樣，但多為井字格或米字格構圖，繁而不亂。而且還做成繫袱子與搭袱子兩種形式的構圖，在枋間或檁間交互使用，配置得宜。寶綸閣彩畫代表著明代徽州彩畫的藝術成就。

一九六 玉善堂

玉善堂又稱金家祠堂，原在江西婺源縣，現已搬遷到景德鎮古窑博覽區內。該祠平面由三進院落組成，整個祠堂以青磚高牆包圍，高聳的馬頭牆表現出地方祠宇的特色。其入口處理亦別有新意。它是在青磚牆上做立貼式的牌樓門飾，計為四柱三樓。以石材為構，并加以雕鏤，中為石框板門，兩側為磨磚素壁，遠觀近賞皆有氣勢。在色彩運用上，充分發揮灰、白、黑色彩的沉穩莊重感，加以石材、青磚的質感，更顯出門額上『玉善堂』三個金色大字的光彩。

一九七　梁家祠堂大門

梁家祠堂位于江西吉安文筆鄉。至今保存完好。祠堂平面呈長方形，由兩進四合院組成，有大門、開敞式的正堂及供奉祖宗牌位的後堂，兩側有敞廊相聯，簡單明確。祠堂大門面闊五間，硬山封火牆頂。為了强調中央入口的特點而采用了變化處理，兩層間為青磚壁封護，而中央三間做出前廊，尤其是明間兩檐柱抬高出屋面，其上單作一歇山式小屋頂，使入口顯得更為突出。整個山門虛實相間，繁簡得宜，十分有趣味性。

一九八　梁家祠堂正堂

面對大門的是正堂，兩廂為高牆圍合的敞廊。正堂前檐全部敞開，與天井混為一體，這樣處理有利族人集會開展各种祭祀活動。正堂明間向前伸出，附建一座敞軒，軒內有藻井，使敞軒空間拔高，强調出正堂中央空間的重要性。

一九九　梁家祠堂後堂明間上檐裝修處理

梁家祠的後堂為供奉祖宗牌位之所，因此常有精巧的建築藝術加工處理。該堂的中部拔起，加築了牌樓式裝修，如意斗栱布滿檐下，正中下檐部分斷面，而嵌入雕花匾額及人物圖案，形成十分明顯的構圖中心。

二〇〇　貝家祠堂

位于江蘇蘇州市內獅子林東側。現有院子兩進，廳堂建築高敞，裝修精緻。檐下用五出參牌科（斗栱），多用鳳頭昂出挑。栱眼壁用花卉圖案鏤空雕刻。門窗、欄杆、挂落等裝修細緻。表現出蘇南建築的地方特色。

二〇一　陳家祠堂入口

陳家祠堂又稱陳氏書院，位于廣州市中山七路，建于清光緒十六年至二十年（一八九〇年至一八九四年）。為廣東七十二縣陳氏宗親合資興建的宗祠，後作為陳氏子弟讀書會文之所。該祠面積達八仟餘平方米，共有三進六院十九廳堂，三條軸綫，布局嚴謹，氣魄雄偉。尤其是室內外滿布雕刻，題材豐富，用材多樣，構圖翻新，刻劃細膩，具有鮮明的廣府建築特色。圖示為祠堂大門，五開間。屋頂為疊落式，正脊、垂脊做許多灰塑雕飾。

二〇二　陳家祠堂正廳聚賢堂

是中軸綫的主殿堂，也是陳家祠堂整個建築組合的中心。它的正面伸出一座高出地面二尺許的月臺，周圍護以嵌有鐵花的高浮雕石欄板，粗壯堅實，雕飾華麗，具有蓬勃生動的動感，是該祠的重要特色。聚賢堂是祠堂主要集會場所，而後堂則為祠祭之所，兩邊側房則多用為書院使用。

二〇三　陳家祠堂槅扇門裙板木刻

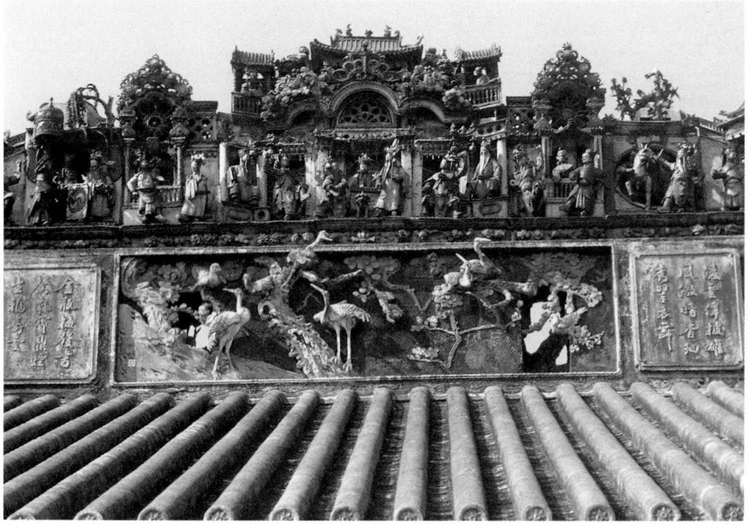

二〇四　陳家祠堂脊飾

該祠屋脊雕飾更是琳琅滿目，樓閣、山水、花鳥、人物無一不有，且造型生動、形象傳神。有許多畫面是按傳統故事安排的。如『郭子儀祝壽』、『群英會』、『桃園結義』、『劉伶醉酒』等，構圖嚴謹，刻畫細緻，氣勢宏大。尤其難能可貴的是，匠人能夠在磚刻有限的厚度內，刻畫出場景的層次、進深，使圖案有深遠感。

二〇五　陳家祠堂磚雕

在陳家祠堂大門兩側的牆面，有六幅畫卷式的大型磚雕。每幅高二米，寬達四米，是數塊青磚拼裝而成。題材內容有歷史故事、神話傳說、山水石林、花鳥禽獸等，立體感十分強烈。磚雕中還有行草書法的雕刻，瀟灑自如，如同真迹。

中國美術分類全集

中國建築藝術全集

第9卷　壇廟建築

图书在版编目（CIP）数据

中國建築藝術全集. 9,壇廟建築 / 孫大章編著. —北京：中國建築工業出版社，2000

（中國美術分類全集）

ISBN 7-112-04130-9

I. 中… Ⅱ. 孫… Ⅲ. ①建築藝術，廟–概況–中国 ②建築藝術，壇–概況–中国 Ⅳ.TU-862

中國版本圖書館CIP數据核字（1999）第56676號

中國建築藝術全集編輯委員會 編

本卷主編　孫大章

出版者　中國建築工業出版社（北京百萬莊）

責任編輯　徐　紡

總體設計　雲　鶴

本卷設計　吴滌生　王　晨　徐　竣　顧咏梅

印製總監　楊一貴

製版者　北京利豐雅高長城製版中心

印刷者　利豐雅高印刷（深圳）有限公司

發行者　中國建築工業出版社

二〇〇〇年五月　第一版　第一次印刷

書號　ISBN 7-112-04130-9 / TU · 3247(9040)

國内版定價三五〇圓